江西理工大学清江学术文库

金属氮化物基硬质涂层耐磨防腐技术

叶育伟 陈颢 章杨荣 著

北 京
冶金工业出版社
2021

内 容 提 要

本书共 12 章，主要介绍了物理气相沉积法制备的 CrN 涂层、CrCN 涂层、CrAlN 涂层、VN 涂层、VCN 涂层以及工艺参数（沉积偏压、掺杂含量）及梯度设计对涂层的表面形貌、相结构、化学成分、力学性能、耐蚀性能及摩擦磨损性能的影响；同时，还介绍了不同陶瓷配副（Al_2O_3、WC、Si_3N_4、SiC）与金属氮化物基硬质涂层在海水环境下的摩擦磨损行为，并分析了其磨损机理。

本书可供材料工程、化学工程等领域的科研人员、生产管理人员等阅读，同时也可供高等院校相关专业师生参考。

图书在版编目(CIP)数据

金属氮化物基硬质涂层耐磨防腐技术/叶育伟，陈颢，章杨荣著.—北京：冶金工业出版社，2021.5
ISBN 978-7-5024-8824-6

Ⅰ.①金… Ⅱ.①叶… ②陈… ③章… Ⅲ.①金属喷涂—防腐涂层—研究 Ⅳ.①TG174.44

中国版本图书馆 CIP 数据核字(2021)第 095146 号

出 版 人　苏长永
地　　址　北京市东城区嵩祝院北巷 39 号　邮编　100009　电话　(010)64027926
网　　址　www.cnmip.com.cn　电子信箱　yjcbs@cnmip.com.cn
责任编辑　王梦梦　美术编辑　彭子赫　版式设计　郑小利
责任校对　葛新霞　责任印制　李玉山

ISBN 978-7-5024-8824-6
冶金工业出版社出版发行；各地新华书店经销；三河市双峰印刷装订有限公司印刷
2021 年 5 月第 1 版，2021 年 5 月第 1 次印刷
169mm×239mm；10 印张；194 千字；150 页
66.00 元

冶金工业出版社　投稿电话　(010)64027932　投稿信箱　tougao@cnmip.com.cn
冶金工业出版社营销中心　电话　(010)64044283　传真　(010)64027893
冶金工业出版社天猫旗舰店　yjgycbs.tmall.com

(本书如有印装质量问题，本社营销中心负责退换)

前　言

目前，资源短缺与能源枯竭危机制约着人类社会的高速发展，而海洋面积占地球表面积的71%，海洋中蕴藏着丰富的能源与资源，是保证人类社会继续发展的"后勤"宝库。一场海洋开发的"蓝色革命"正在世界范围内蓬勃兴起。应用于海洋环境中的一些关键摩擦部件，如泵、液压系统、阀、齿轮、轴和螺旋桨，直接与海水接触，其能否在较长时间内安全稳定地服役很大程度上取决于其直接经受摩擦磨损和介质侵蚀的表面。塑性变形、裂纹扩展、氧化、材料剥离等表面状态的改变将导致零件服役寿命与安全性显著降低，因此，研究和发展表面防护与强化技术对于改善装备的性能质量，延长关键零部件服役寿命具有重要意义。

表面涂层技术通过在基体表面涂覆一层或多层金属或非金属，从而有效提高基体材料耐蚀耐热、抗机械磨损、抗疲劳等性能。该技术常用于成型刀具、模具、轴承及精密齿轮等机械零件的表面强化，以提高材料的耐磨性、可靠性和使用寿命。其中以过渡族金属氮化物为代表的硬质涂层能有效改善材料表面的综合性能，它是一种在工业中应用广泛的耐磨防护涂层。

本书主要介绍金属氮化物基硬质涂层制备技术，重点阐述了CrCN涂层、CrAlN涂层及VCN涂层的微观结构及海水环境下的摩擦使役行为，并对制备过程中的工艺参数进行优化，揭示其防护机理。这种耐磨防腐金属氮化物基硬质涂层制备技术对于解决机械零部件的摩擦磨损问题具有重要的科学意义及工程价值，是提高服役寿命和安全性的有效途径，并能推动机械行业的发展。

在本书出版之际，特别感谢原课题组的王永欣、郭峰、章杨荣、慕永涛、李金龙等人参与本书相关内容的研究工作。在本书撰写过程中，作者翻阅了许多文献资料，并引用了一些图片与实验结果，在此向文献作者表示感谢；另外，本书内容相关的研究工作获得了江西理工大学"清江青年优秀人才支持计划"（JXUSTQJYX2020010）的资助，对该资助机构表示衷心地感谢。

由于作者的学术水平和时间所限，书中不妥之处恳请读者批评指正。

作 者

2021 年 1 月

目 录

1 硬质涂层材料概述 1
  1.1 硬质涂层的定义 1
  1.2 硬质涂层的制备方法 1
    1.2.1 化学气相沉积 1
    1.2.2 物理气相沉积 2
  1.3 硬质涂层的研究现状 5
    1.3.1 CrN 涂层的研究现状 5
    1.3.2 CrCN 涂层的研究现状 6
    1.3.3 CrAlN 涂层的研究现状 7
    1.3.4 VN 涂层的研究现状 9
    1.3.5 VCN 涂层的研究现状 9
  参考文献 10

2 316L 不锈钢表面沉积 CrCN 涂层结构及海水环境摩擦学性能 15
  2.1 制备与表征 15
    2.1.1 CrCN 涂层的制备 15
    2.1.2 CrCN 涂层的结构及力学性能表征 16
    2.1.3 CrCN 涂层的电化学及摩擦学性能表征 16
  2.2 CrCN 涂层的微观结构 16
  2.3 CrCN 涂层的力学性能 18
  2.4 CrCN 涂层的耐蚀性能 19
  2.5 CrCN 涂层的摩擦学性能 20
  参考文献 23

3 CrN 和 CrCN 涂层结构及海水环境摩擦学性能 25
  3.1 制备与表征 25
    3.1.1 CrN 和 CrCN 涂层的制备 25
    3.1.2 CrN 和 CrCN 涂层的结构及力学性能表征 25

  3.1.3 CrN 和 CrCN 涂层的电化学及摩擦学性能表征 …………………… 25
 3.2 CrN 和 CrCN 涂层的微观结构 ……………………………………………… 25
 3.3 CrN 和 CrCN 涂层的力学性能 ……………………………………………… 30
 3.4 CrN 和 CrCN 涂层的耐蚀性能 ……………………………………………… 32
 3.5 CrN 和 CrCN 涂层的摩擦学性能 …………………………………………… 33
 参考文献 ……………………………………………………………………………… 38

4 沉积偏压对 CrCN 涂层结构及海水环境摩擦学性能的影响 ………… 40
 4.1 制备与表征 …………………………………………………………………… 40
  4.1.1 CrCN 涂层的制备 ……………………………………………………… 40
  4.1.2 不同沉积偏压下 CrCN 涂层的结构及力学性能表征 ……………… 40
  4.1.3 不同沉积偏压下 CrCN 涂层的摩擦学性能表征 …………………… 41
 4.2 不同沉积偏压下 CrCN 涂层的微观结构 …………………………………… 41
 4.3 不同沉积偏压下 CrCN 涂层的力学性能 …………………………………… 46
 4.4 不同沉积偏压下 CrCN 涂层的摩擦学性能 ………………………………… 48
 参考文献 ……………………………………………………………………………… 52

5 碳含量对 CrCN 涂层结构及海水环境摩擦学性能的影响 …………… 56
 5.1 制备与表征 …………………………………………………………………… 56
  5.1.1 CrCN 涂层的制备 ……………………………………………………… 56
  5.1.2 CrCN 涂层的结构及力学性能表征 …………………………………… 57
  5.1.3 CrCN 涂层的电化学及摩擦学性能表征 ……………………………… 57
 5.2 不同碳含量下 CrCN 涂层的微观结构 ……………………………………… 57
 5.3 不同碳含量下 CrCN 涂层的力学性能 ……………………………………… 61
 5.4 不同碳含量下 CrCN 涂层的耐蚀性能 ……………………………………… 63
 5.5 不同碳含量下 CrCN 涂层的摩擦学性能 …………………………………… 64
 参考文献 ……………………………………………………………………………… 68

6 均质和梯度 CrCN 涂层结构及海水环境摩擦学性能 ………………… 73
 6.1 制备与表征 …………………………………………………………………… 73
  6.1.1 CrCN 涂层的制备 ……………………………………………………… 73
  6.1.2 均质和梯度 CrCN 涂层的结构及力学性能表征 …………………… 73
  6.1.3 均质和梯度 CrCN 涂层的电化学及摩擦学性能表征 ……………… 73
 6.2 均质和梯度 CrCN 涂层的微观结构 ………………………………………… 73
 6.3 均质和梯度 CrCN 涂层的力学性能 ………………………………………… 77

6.4　均质和梯度 CrCN 涂层的耐蚀性能 …………………………………… 78
6.5　均质和梯度 CrCN 涂层的摩擦学性能 ………………………………… 79
参考文献 ………………………………………………………………………… 82

7　不同陶瓷配副与 CrCN 涂层海水环境下的摩擦学性能 ……………………… 84

7.1　制备与表征 ………………………………………………………………… 85
　　7.1.1　CrCN 涂层的制备 …………………………………………………… 85
　　7.1.2　不同陶瓷配副与 CrCN 涂层的摩擦学性能表征 …………………… 85
7.2　不同陶瓷配副与 CrCN 涂层的摩擦学性能 ……………………………… 85
参考文献 ………………………………………………………………………… 91

8　$Cr_{1-x}Al_xN$ 涂层结构及海水环境摩擦学性能 …………………………………… 93

8.1　制备与表征 ………………………………………………………………… 93
　　8.1.1　CrAlN 涂层的制备 …………………………………………………… 93
　　8.1.2　不同铝含量下 CrAlN 涂层的结构及力学性能表征 ………………… 94
　　8.1.3　不同铝含量下 CrAlN 涂层的摩擦学性能表征 ……………………… 94
8.2　不同铝含量下 CrAlN 涂层的微观结构 …………………………………… 94
8.3　不同铝含量下 CrAlN 涂层的力学性能 …………………………………… 97
8.4　不同铝含量下 CrAlN 涂层的摩擦学性能 ………………………………… 98
参考文献 ………………………………………………………………………… 103

9　沉积偏压对 CrAlN 涂层结构及海水环境摩擦学性能的影响 ………………… 104

9.1　制备与表征 ………………………………………………………………… 104
　　9.1.1　CrAlN 涂层的制备 …………………………………………………… 104
　　9.1.2　不同沉积偏压下 CrAlN 涂层的结构及力学性能表征 ……………… 104
　　9.1.3　不同沉积偏压下 CrAlN 涂层的摩擦学性能表征 …………………… 104
9.2　不同沉积偏压下 CrAlN 涂层的微观结构 ………………………………… 104
9.3　不同沉积偏压下 CrAlN 涂层的力学性能 ………………………………… 107
9.4　不同沉积偏压下 CrAlN 涂层的摩擦学性能 ……………………………… 108
参考文献 ………………………………………………………………………… 111

10　不同陶瓷配副与 CrAlN 涂层海水环境下的摩擦学性能 …………………… 112

10.1　制备与表征 ………………………………………………………………… 112
　　10.1.1　CrAlN 涂层的制备 ………………………………………………… 112
　　10.1.2　不同陶瓷配副与 CrAlN 涂层的摩擦学性能表征 ………………… 113

10.2　不同陶瓷配副与 CrAlN 涂层的摩擦学性能 ……………………………… 113
参考文献 ……………………………………………………………………………… 121

11　沉积偏压对 VCN 涂层结构及海水环境摩擦学性能的影响 …………… 123

11.1　制备与表征 …………………………………………………………………… 123
　　11.1.1　VCN 涂层的制备 ……………………………………………………… 123
　　11.1.2　不同沉积偏压下 VCN 涂层的结构及力学性能表征 ……………… 123
　　11.1.3　不同沉积偏压下 VCN 涂层的电化学及摩擦学性能表征 ………… 123
11.2　不同沉积偏压下 VCN 涂层的微观结构 …………………………………… 123
11.3　不同沉积偏压下 VCN 涂层的力学性能 …………………………………… 127
11.4　不同沉积偏压下 VCN 涂层的耐蚀性能 …………………………………… 129
11.5　不同沉积偏压下 VCN 涂层的摩擦学性能 ………………………………… 130
参考文献 ……………………………………………………………………………… 135

12　碳含量对 VCN 涂层结构及海水环境摩擦学性能的影响 ………………… 137

12.1　制备与表征 …………………………………………………………………… 137
　　12.1.1　VCN 涂层的制备 ……………………………………………………… 137
　　12.1.2　不同碳含量下 VCN 涂层的结构及力学性能表征 ………………… 137
　　12.1.3　不同碳含量下 VCN 涂层的电化学及摩擦学性能表征 …………… 137
12.2　不同碳含量下 VCN 涂层的微观结构 ……………………………………… 137
12.3　不同碳含量下 VCN 涂层的力学性能 ……………………………………… 142
12.4　不同碳含量下 VCN 涂层的耐蚀性能 ……………………………………… 143
12.5　不同碳含量下 VCN 涂层的摩擦学性能 …………………………………… 144
参考文献 ……………………………………………………………………………… 149

1 硬质涂层材料概述

1.1 硬质涂层的定义

硬质涂层是指通过气相沉积等一系列方法，在金属/合金的表面沉积高性能的防护涂层，从而改善金属/合金的综合性能。

1.2 硬质涂层的制备方法

目前，常见的涂层技术有气相沉积技术、溶胶凝胶技术、化学镀技术等，其中气相沉积技术使用非常广泛，已成为制备硬质涂层的主流方法。气相沉积技术主要包括：化学气相沉积和物理气相沉积。区别于传统的电镀、溶胶凝胶等湿式镀膜，气相沉积技术具有比较明显的优势，其成膜材料与基体材料的可选范围宽泛，制备过程的可控性优异，便于制备不同功能的涂层。此外，制备过程没有废弃物排放，属于环境友好型的生产技术，制备的膜层与基材的结合强度较高，使用中不易失效等。

1.2.1 化学气相沉积

化学气相沉积（CVD）技术是一系列热能激发的气相和表/界面反应而在基材表面上沉积固体产物的工艺过程，主要包括常压化学气相沉积技术、低压化学气相沉积技术以及兼备化学气相沉积技术和物理气相沉积技术两类特点的等离子化学气相沉积技术等。由于其沉积温度过高，常用等离子化学气相沉积方法，等离子体的特性能够控制或强烈影响气相反应，且最终影响表面反应。

化学气相沉积的优点：

（1）一方面可以制备多种金属涂层；另一方面也可以制备多种多成分的涂层，更可以制备其他方法难以得到的优质晶体。

（2）沉积速度快。

（3）在常规气压下或者低真空度下沉积涂层的绕射性能较为良好，可加工开口紧密或者复杂的零部件。

（4）因为工艺温度高，有利于得到具有高纯度、高致密度、低残余应力以及良好结晶性的涂层,又因为参与反应的气体、生成的反应产物与基体材料之间的互相扩散,可以得到结合强度好的涂层。

(5) 获得表面平滑的镀层。

(6) 辐射损伤低。

化学气相沉积的缺点:发生反应的温度太高,一般情况下接近1000℃,大部分基体材料受不住化学气相沉积过程中的如此高温,所以它的用途在诸多领域内受到较大的影响。

1.2.2 物理气相沉积

所谓物理气相沉积(PVD)是将固态或液态的成膜材料以原子或分子的形式在低气压放电气体环境中定向转移到基材上形成致密涂层的技术。PVD的沉积速率约为 1~10nm/s,膜层厚度一般处于纳米至微米量级,但通过反应沉积过程,纯金属、合金以及化合物均可在一定的气氛(如氮气、氩气等)内作为成膜材料,在此微小的厚度范围内通过参数调控实现多层、多组分、多相涂层的设计构筑,具有很高的灵活性。它的基本过程包括3个步骤:提供气相沉积所需的原料;向即将镀膜的零部件传递原料;将原料沉积在基体材料表面形成所需要的涂层。

与其他表面处理方法相比,PVD方法具有如下优点:

(1) 涂层种类丰富,能沉积在诸多金属、合金化合物等表面。

(2) 镀层结构致密,附着力强。

(3) 制备涂层时温度较低,零部件无需考虑因受热变形而造成的顾虑。

正是因为上述优点,使得PVD涂层应用领域广[1]。一般情况下,人们所谈及的PVD技术主要可以分为3种:(1) 真空蒸发镀膜技术;(2) 真空溅射镀膜技术;(3) 真空离子镀膜技术。其中,溅射镀膜技术和离子镀膜技术均属于离子气相沉积技术。在低气压环境下,通过沉积过程中的等离子放电来制备涂层,有利于提高涂层的结合强度,同时促进所需制备涂层的形核与生长[2]。3种主要技术的原理如下。

1.2.2.1 真空蒸发镀膜技术

真空蒸发镀膜技术的基本原理,在真空氛围内(所需真空度达到 10^{-3} ~ 10^{-2} Pa),把需要蒸发气化的材料加热到所需温度之后,镀料即开始气化形成分子或者原子,沉积在基体材料表面形成涂层或者镀层。全过程主要由镀料蒸发气化,蒸发形成后的材料分子或原子的移动及材料分子或原子在基体材料表面沉积这3个基本过程组成。真空蒸发镀膜示意图如图1-1所示。

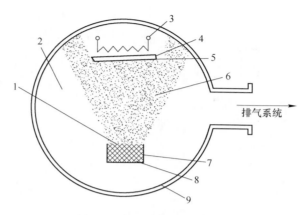

图 1-1　真空蒸发镀膜示意图
1—蒸发面；2—真空室；3—基板加热器；4—基板；5—薄膜；
6—蒸气流；7—蒸发物质；8—加热器；9—钟罩

1.2.2.2　真空溅射镀膜技术

与蒸发镀膜相比，真空溅射镀膜技术有以下优点：
（1）可实现大面积沉积。
（2）可进行大规模连续生产。
（3）所有物质都可以参与溅射，特别是熔点较高的化合物。
（4）溅射镀膜技术所制备的涂层具有致密的组织结构，不存在气孔，与基体材料的结合强度高。

溅射镀膜技术按照设备原理不同，又可以再分为6大类，即二极溅射技术、三极溅射技术、四极溅射技术、射频溅射技术、磁控溅射技术和反应溅射技术，其中磁控溅射技术运用广泛，磁控溅射示意图如图1-2所示。

1.2.2.3　真空离子镀膜技术

常用的离子镀膜技术主要有空心阴极离子镀膜与电弧离子镀膜两种。其中电弧离子镀膜最为常用，其结构示意图如图1-3所示。

较之于蒸发镀膜和溅射镀膜技术，在原理上和工艺上离子镀膜具有以下优点：

（1）黏着力好，涂层不易脱落：这是因为离子轰击会对基片产生溅射作用，使基片不断受到清洗，从而提高了基片的黏着力，同时由于溅射使基片表面被刻蚀而使表面的粗糙度有所增加。离子镀层黏着力好的另一个原因是轰击离子所携带的动能变为热能，从而对基片产生了一个自然加热效应，这就提高了基片表面

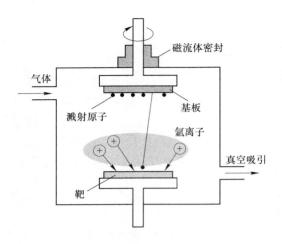

图 1-2 磁控溅射示意图

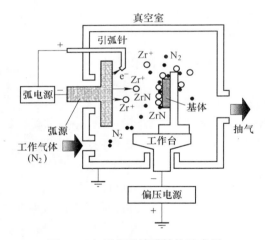

图 1-3 电弧离子镀膜结构示意图

层组织的结晶性能而促进了化学反应和扩散作用。

(2) 绕射线能良好：因为蒸镀材料在等离子区域内被离化成了带正电的离子，这些带正电的离子随着电场线的方向到达具有负偏压的基体材料上。

(3) 镀层质量高：由于沉积的涂层不断受到阳离子的轰击从而引起冷凝物发生溅射，致使膜层组织致密。

(4) 沉积工艺较为简单，操作流程较为简便，涂层沉积速率较高，可制备厚涂层。

(5) 可镀材料广泛：可以在多种材料表面（金属或者非金属）上镀制相应

的涂层。

（6）沉积效率高：一般来说，离子镀沉积几十纳米甚至微米级厚度的膜层，其速度较其他方法快。

1.3 硬质涂层的研究现状

在硬质涂层中，金属氮化物涂层（如 CrN、VN、TiN 等涂层）因其优异的性能而被广泛运用于工业领域，是最常用的硬质涂层之一。本节主要介绍 CrN、VN、CrCN、CrAlN、VCN 涂层的研究现状。

1.3.1 CrN 涂层的研究现状

CrN 硬质涂层因其硬度高，抗磨性能好，化学惰性和高温抗氧化性优越[3~7]，已被广泛应用于机械加工（冲压切削）、冶金铸造（铸造模具）、装饰涂覆、钻探以及航空航天等诸多领域。Navinšek 等人[8]研究了 CrN 涂层的高温抗氧化性能，结果显示，在 800℃的氧气气氛中恒温处理 4h，涂层外表面 450nm 内被氧化为 Cr_2O_3 涂层，仅占涂层整体厚度的 15%，在此温度与气氛条件下处理 200h 后涂层才出现表面形貌的改变，证明了 CrN 涂层良好的抗高温氧化性能。Polcar 等人[9]对比研究了 TiN、TiCN 和 CrN 三种涂层在高温环境下的摩擦学性能，选用 100Cr6 钢球作为对偶时，CrN 涂层在 100~300℃范围内有较大的摩擦系数，但其磨损率却远低于 TiN 和 TiCN；选用 Si_3N_4 水润滑陶瓷对偶时，CrN 涂层的磨损率在温度超过 300℃时开始升高。Schell 等人[10]利用原位 X 射线衍射与同步辐射技术研究了磁控溅射 CrN 涂层生长过程中的相结构变化，结果表明 CrN 涂层的结构形式、晶粒尺寸大小与微观应变均是涂层厚度的函数。随着涂层厚度的增加，晶粒尺寸也相应变大，微观应变却逐渐降低。在低于 550℃相转变温度时，（002）取向为其优势生长方向，当沉积温度高于相转变温度时，（111）与（002）同时成为择优取向。可见，再结晶过程决定了涂层的结构组成，（002）取向经再结晶过程向（111）取向转化，表层高晶面指数的晶面与倾斜的低晶面指数晶面混合构成了相对较为粗糙的表面形貌。Rebholza 等人[11]按照涂层中的原子计量比将 Cr-N 涂层记为 $Cr_{1-x}N_x$，$x=0$~0.4，研究发现当 x 处于 0~0.16 范围内，涂层中的 N 含量（原子分数）升高至 16% 时，bcc 晶型的 α-Cr 相含量上升，并伴随着硬度与耐磨损性能的提升。N 含量（原子分数）继续升高至 29% 时，涂层中有 hcp 晶型的 β-Cr_2N 相生成，涂层的硬度、致密度与耐腐蚀性能同步提高。

Bertrand 等人[12]针对不同相组成的 Cr-N 涂层研究显示，Cr_2N 涂层具有比 CrN 更优异的耐酸、耐氯化物溶液腐蚀的能力和更高的硬度，但其韧性明显不足，为此可采用 CrN 与 Cr_2N 的混合相结构设计。Ahn 等人[13]研究发现，Cr_2N 涂层的极化阻抗随测试时间的延长而下降，柱状晶结构致密且空隙较少的 CrN 具有较低的自腐蚀电流密度。Creusa 等人[14]研究了具有软金属 Ni 过渡层的 CrN 涂层与 CrN/TiN 多层涂层的抗腐蚀能力，提出降低涂层的孔隙率是改善其抗腐蚀性能的有效措施。Liu 等人[15,16]的分析显示，结构致密的多相 CrN 涂层在自制浓度为 3.5% 的氯化钠溶液中进行抗腐蚀性能测试，涂层内部发生温和的相间腐蚀反应，改变了涂层表面的电流分布状态，从而消除了电流在微观孔洞处的聚集作用，大大降低了点蚀速率，使膜基结合界面免受电化学腐蚀破坏。

1.3.2 CrCN 涂层的研究现状

在某些较为苛刻的摩擦工况条件下，CrN 与钢铁材料配副的摩擦系数会升高到约 0.7，因此对 CrN 涂层进行环境自适应与耐磨损改性是进一步拓宽其应用领域的重要研究内容[17,18]。较之于 CrN 涂层，CrCN 涂覆的工具在加工如钛、钛合金、铜等非铁基材料时不易发生焊黏。Lugscheider 等人[19]研究了甲烷、乙烷、乙烯和乙炔 4 种不同的气源对电弧离子镀 CrCN 涂层的性能影响，结果显示用乙炔作为碳源时沉积速率最高（$8\mu m/h$），但制备的所有 CrCN 涂层在沙尘环境中的摩擦学性能欠佳。Almer 等人[20,21]的研究显示 CrCN 涂层有相对较高的硬度，少量的碳元素掺入在降低涂层内应力的同时能提升其耐磨损性能。沉积过程中，碳源（C_2H_4）与氮源（N_2）的流量比例对涂层的组织结构有较大影响，当比例增加时涂层里的 δ 相与非晶/晶态比例均上升，涂层的双轴压应力减小。王谦之等人[22]利用磁控溅射技术沉积了不同碳含量的 CrCN 涂层，结果显示碳含量（原子分数）为 15.35% 时涂层硬度为 22.5GPa，涂层结构中含有 Cr_7C_3 相与非晶相 CN_x，显示出较好的抗磨损能力；当涂层中碳含量升高产生非晶态碳团簇时不仅不能降低涂层的表面粗糙度，反而会使涂层的硬度大幅减小，因此碳元素浓度宜保持在较低水平。Tong 等人[23]探讨了不同碳浓度对涂层显微结构和力学性能的变化，碳浓度的增加使得 CrN（111）与（200）晶面宽化，涂层的晶粒尺寸降低。当碳浓度（原子分数）为 3.5% 时，涂层具有最佳的力学性能和抗磨损性能。

Warcholiński 等人[24~26]利用电弧离子镀方法制备了沉积偏压为 $-10\sim-300V$，碳浓度（原子分数）为 0~53% 的 CrCN 涂层。结果发现 CrCN 涂层的结合力随着碳浓度的增加而呈现小幅下降的趋势，而结合力随着沉积偏压的变化稳定在 78N 附近，而同样环境下沉积的 CrN 涂层的结合力却单调递减。涂层的磨损率在碳含量（原子分数）不超过 20% 时随着碳元素增加而降低，此后开始逐渐升高，而摩擦系数的最低点则出现在碳元素浓度的峰值位置。由此可以得到，CrCN 涂层的摩擦系数与磨损率随碳含量和沉积偏压的变化并不同步，需要根据涂层的具体使役工况选择合适的组分配比与沉积工艺参数。Čekada 等人[27]用溅射与离子镀两种方法沉积 CrCN 涂层并进行了比较，结果显示溅射沉积的 Cr-N 与 Cr-C 二元混合涂层的抗高温氧化性能优于离子镀制备的 Cr（C，N）三元涂层体系。Polcar 等人[28]研究了 CrCN 涂层的高温摩擦性能，当含碳量（原子分数）在 12%～31% 时，涂层在 700℃ 的高温下与水润滑陶瓷配副对磨时的摩擦系数低至 0.3，表现出优异的摩擦学性能与抗氧化性能。Merl 等人[29]利用离子镀方法在 CK-45 钢与 304 不锈钢基体上制备了 CrN 和 Cr（C，N）涂层，通过电化学分析发现，在 0.5mol/L NaCl 溶液中涂层的阻抗高于基体 2～6 倍，而 Cr（C，N）涂层的阻抗高于 CrN 涂层一个数量级，表明碳原子的掺入使得涂层耐腐蚀能力大幅提升。

1.3.3 CrAlN 涂层的研究现状

Al 是 CrN 涂层掺杂中最为普遍的元素之一，CrAlN 涂层已被广泛用于工业领域中。CrN 涂层中的 Al 含量显著影响涂层的微观结构和力学性能。CrN 的晶体结构为 NaCl 结构，掺入 Al 元素时，Al 原子进入 CrN 晶格中置换部分 Cr 原子形成固溶体，并随着 Al 含量的增大，晶体结构从面心立方转变为六方结构。晶体结构转变的临界 Al 含量随涂层的沉积方法不同而略有不同。有报道指出[30]，采用阴极电弧法沉积 CrAlN 涂层时，涂层由面心立方结构转变为六方结构的临界 Al 含量为 71%，而用磁控溅射法沉积时可以将临界值提高至 75%。由于六方 AlN 硬度较低，实验研究及应用中 CrAlN 涂层的 Al 含量大多控制在临界铝含量之下以确保涂层硬度。在临界铝含量以下时，AlN 呈面心立方结构，2θ 峰位与 CrN 接近，面心立方 AlN 的硬度较高，不会明显降低涂层硬度[31]。而 Wang 等人[32,33]发现一部分 Al 原子将取代 Cr 原子进入 CrN 晶格中形成固溶体，另一部分会在 Cr(Al)N 晶界处形成很薄的非晶相 AlN，连续网状的非晶相 AlN 阻止了晶界的滑移，使涂层硬度进一步提高，硬度可高达 42.5GPa。

氧化磨损是涂层失效的原因之一。而 Al 含量高的 CrAlN 涂层具有良好的高温化学稳定性，在 900℃ 时涂层仍能保持面心立方结构，且具有相当高的强度与硬度[31]。这主要得益于 Al—N 共价键的存在和表面生成的致密 Al_2O_3 氧化层，该氧化层抑制了涂层的继续氧化，从而使涂层具有良好的高温稳定性和抗氧化性能[34-37]。Wang 等人[38]对比研究了 CrAlN 和 CrN 涂层经不同退火温度后的性能。结果发现，CrN 涂层在 1000℃ 退火后发生分层，而 CrAlN 涂层在 1000℃ 后能保持完整的表面形貌。Lin 等人[39]采用差热分析和热重分析对比了 Cr_xN 和 $Cr_{1-x}Al_xN$ 涂层的氧化行为。当温度为 600℃ 时，Cr_xN 涂层中面心立方的 CrN 可以分解为六方 Cr_2N 和 N_2；当温度达到 900℃，Cr_2N 能分解为 Cr 和 N_2。而对于 CrAlN 涂层，其内部的 Al—N 键能阻止涂层中氮的分解，在 700℃ 时表面生成致密的 $(Cr,Al)_2O_3$ 层能阻止氧进一步向涂层内部扩散。同时，涂层中 Al 含量越多，其抗氧化及热稳定越好。$Cr_{0.4}Al_{0.6}N$ 涂层在 800℃ 退火 1h 后硬度仍达到 25GPa，

$Cr_{0.77}Al_{0.23}N$ 和 $Cr_{0.40}Al_{0.60}N$ 发生分解的温度分别在 900℃ 和 1000℃，而 CrN_x、$Cr_{0.77}Al_{0.23}N$ 和 $Cr_{0.40}Al_{0.60}N$ 涂层的氧化活化能分别为（每原子）2.2eV、3.2eV、3.9eV。另外，Al 在 CrN 的固溶量大于其在 TiN 中的固溶量，理论值分别为 77% 和 67%[30]，涂层中 Al—N 键越多意味着更好的高温稳定性和抗高温氧化性。Chim 等人[37]对比了 TiN，CrN，TiAlN 和 CrAlN 涂层在不同温度下保持 1h 的抗氧化性能，结果发现 TiN 涂层在 500℃ 开始氧化并在 700℃ 完全氧化，最后在 800℃ 与基体发生剥离；TiAlN 涂层开始氧化的温度为 600℃，在 1000℃ 时完全氧化并部分剥离；CrN 和 CrAlN 涂层在 700℃ 时开始氧化，CrN 涂层完全氧化并部分剥离时的温度为 900℃，而 CrAlN 涂层氧化速率十分缓慢，在 1000℃ 中氧化 1h 后涂层中的氧含量仅为 19%，且没有发生剥离现象。TiN 和 TiAlN 涂层在温度大于 700℃ 时硬度急剧下降，而 CrAlN 涂层在 800℃ 时仍能保持 33~35GPa 的高硬度，甚至在 1000℃ 回火后也有相对较高的硬度（18.7GPa）。硬质涂层不仅抗高温性能良好，而且表现出强大的耐蚀能力，已广泛应用于食品、医疗领域中[40~43]。Ding 等人[44]对 CrAlN 和 TiAlN 两种涂层在 3% NaCl 溶液中的耐腐蚀性进行了比较，发现两种涂层在 Cr/Al 和 Ti/Al 约为 1:1 时具有最佳的抗腐蚀性。在相同原子比条件下，CrAlN 涂层的抗腐蚀性优于 TiAlN 涂层。因此，CrAlN 涂层在高温及腐蚀领域有着广阔的应用前景。

  CrAlN 涂层不仅可以提高工件的热稳定性和腐蚀性能，而且有着优良的抗摩擦磨损性能。Bobzi 等人[45]分别对 CrN、$Cr_{0.77}Al_{0.23}N$ 和 AlN 涂层的结构和摩擦性能进行研究，当 3 种涂层与 Si_3N_4 陶瓷球进行干摩擦试验时，$Cr_{0.77}Al_{0.23}N$ 涂层虽有最大的摩擦系数，但其磨损率最小。Reiter 等人[46]对比了另外 3 种 $Al_{1-x}Cr_xN$（x = 0.81，0.60，0.38）涂层与 Al_2O_3 陶瓷在大气环境中的摩擦学性能，结果表明铝含量高的涂层表现出更好的摩擦性能。Mo 等人[47]比较了 CrAlN 和 TiAlN 涂层在同一摩擦测试条件下的磨损机制，结果发现，无论是在双向的往复滑动还是在单向的点盘式摩擦，整个过程 CrAlN 涂层的摩擦系数皆比 TiAlN 涂层要低。同时，CrAlN 涂层比 TiAlN 涂层具有更好的排屑能力，其摩擦表面更为光滑，在稳定阶段中的摩擦系数更稳定。

  上述研究工作大多数集中在大气环境下，为了进一步展现硬质涂层的优良性能，扩大其使用范围，科研工作者们开始关注硬质涂层在其他环境中的摩擦性能。付英英等人[48]采用中频非平衡反应磁控溅射在 1Cr18Mn8NiN 不锈钢上沉积了 CrN 和 CrAlN 涂层，并对比研究了涂层在大气、自来水、油 3 种摩擦介质下与陶瓷球的摩擦学性能。结果显示：在水和油介质中，CrAlN 的平均摩擦系数和磨损率更小，尤其在水环境下，CrAlN 表现出更为优越的抗磨损能力，其磨损率比 CrN 涂层小 60 余倍。单磊等人[49]通过多弧离子镀在 316L 不锈钢上沉积了 CrN 和 CrAlN 涂层，并比较了两者在人工海水中的摩擦学性能，以期为硬质涂层应用于海洋机械装备中提供理论支持。研究结果表明：在稳定阶段，CrN 和 CrAlN 涂层在海水中摩擦系数相差不大，但 CrN 涂层中的柱状晶结构给海水的渗入提供了通道，使得涂层磨损率升高，而 CrAlN 涂层致密的结构能抑制腐蚀介质的渗入，降低磨损率。

1.3.4 VN 涂层的研究现状

通过 PVD 技术沉积的 VN 涂层具有高硬度、良好的临界载荷和优异的耐磨性等优点，已被广泛用于改善材料的表面性能[50~53]。例如，Mu 等人[54]通过阴极电弧离子镀技术成功制备了 VN 涂层，发现 VN 涂层具有 30GPa 的高硬度和 50N 的良好临界载荷。Escobar 等人[55]使用磁控溅射系统沉积 VN 涂层，结果表明 VN 涂层的体积磨损比未镀涂层之前的体积磨损低 13%。Fateh 等人[56]对比研究了 TiN 和 VN 涂层在高温环境下的摩擦学行为，结果发现 VN 涂层表面形成了一些钒氧化物能降低摩擦阻力。Gassner 等人[57,58]对二元 VN 涂层在高温下的摩擦学性能也进行了测试。当将测试温度提高到 700℃ 时，由于形成了 V_nO_{2n-1} 系列的钒氧化物，主要包括 V_2O_5 和 Magneli 相，进而降低了摩擦界面的阻力。Ge 等人[59]通过磁控溅射制备了 3 种 VN 涂层，并指出在大气环境中所有涂层的磨损率均低于 $5×10^{-17} m^3/(N·m)$。Münz 等人[60]报道，当 TiAlN/VN 涂层与氧化铝配副对磨时，涂层的摩擦系数为 0.4。通过拉曼光谱对磨损碎片的分析表明，与 TiAlN 相比，V_2O_5 的存在可能导致较低的摩擦系数，而 TiAlN 的摩擦系数通常在 0.8~1.0 的范围内[61,62]。Rainforth 等人[63,64]通过 TEM 分析证实了在高温下的摩擦接触表面上会形成 V_2O_5。在 630℃ 下 TiAlN/VN 涂层与氧化铝测试后，将其沿磨损方向的中心从纵向切开，相对致密的氧化层厚度约为 400nm，并被厚度约为 50nm 的表层覆盖。根据记录的选定区域电子衍射图，存在的主导相为 V_2O_5。

1.3.5 VCN 涂层的研究现状

Yu 等人[65]通过磁控溅射技术成功地制备了 VN 和 VCN 涂层。结果发现，与 VN 涂层相比，VCN 涂层的力学性能得到了显著提高。Mu 等人[66]对比讨论了高温环境下 VN 和 VCN 涂层的摩擦学性能，发现 C 的存在在降低 VN 涂层的 COF 中起着关键作用。Yang 等人[67]通过正交实验探索了实验参数对 VCN 涂层磨损行为的影响，阐明了每种情况下影响 VCN 涂层摩擦性能参数的重要性顺序。Chen 等人[68]讨论了 VN 和 VCN 涂层在腐蚀介质中的抗磨损能力，并证实掺入 C 可以减少涂层的磨损损失。Cai 等人[69]研究了不同 C 含量下 VCN 涂层的摩擦学行为，发现含 19.14%C 的 VCN 涂层具有最佳的耐磨性能。Bondarev 等人[70]通过脉冲直流磁控溅射 V、C 及 Ag 靶材获得了具有 10%~11%（原子分数）Ag 的纳米复合 VCN-Ag 涂层。与不含 Ag 的涂层相比，VCN-Ag 涂层在 100~700℃ 的动态温度测试中表现出优异的摩擦学性能。另外，Hovsepian 等人[71~74]通过混合 HIPIMS-UBM 技术沉积了 TiAlCN/VCN 纳米级多层涂层，并在高温下表现出良好的摩擦学性能。

参 考 文 献

[1] 潭昌瑶, 王均石. 实用表面工程技术 [M]. 北京: 新时代出版社, 1998.

[2] 王福贞, 闻立时. 表面沉积技术 [M]. 北京: 机械工业出版社, 1989.

[3] Stallard J, Yang S, Teer D G. The friction and wear properties of CrN, Graphit-iC and Dymon-iC coatings in air and under oil-lubrication [J]. Transactions of Materials and Heat Treatment, 2004, 25 (5): 858~861.

[4] Almer J, Oden M, Hultman L, et al. Microstructural evolution during tempering of arc-evaporated Cr-N coatings [J]. Journal of Vacuum Science & Technology A, 2000, 18 (1): 121~130.

[5] Hurkmans T, Lewis DB, Brooks JS, et al. Chromium nitride coatings grown by unbalanced magnetron (UBM) and combined arc/unbalanced magnetron (ABS (TM)) deposition techniques [J]. Surface & Coatings Technology, 1996, 86 (1-3): 192~199.

[6] Hurkmans T, Lewis D B, Paritong H, et al. Influence of ion bombardment on structure and properties of unbalanced magnetron grown CrN_x coatings [J]. Surface & Coatings Technology, 1999, 114 (1): 52~59.

[7] Yao S H, Su Y L. The tribological potential of CrN and Cr (C, N) deposited by multi-arc PVD process [J]. Wear, 1997, 212 (1): 85~94.

[8] Navinšek B, Panjan P, Cvelbar A. Characterization of low temperature CrN and TiN (PVD) hard coatings [J]. Surface & Coatings Technology, 1995, 74-75 (1-3): 155~161.

[9] Polcar T, Kubart T, Novák R, et al. Comparison of tribological behaviour of TiN, TiCN and CrN at elevated temperatures [J]. Surface & Coatings Technology, 2005, 193 (1-3): 192~199.

[10] Schell N, Petersen J H, Bøttiger J, et al. On the development of texture during growth of magnetron-sputtered CrN [J]. Thin Solid Films, 2003, 426 (1-2): 100~110.

[11] Rebholz C, Ziegele H, Leyland A, et al. Structure, mechanical and tribological properties of nitrogen-containing chromium coatings prepared by reactive magnetron sputtering [J]. Surface & Coatings Technology, 1999, 115 (2-3): 222~229.

[12] Bertrand G, Mahdjoub H A, Meunier C. A study of the corrosion behaviour and protective quality of sputtered chromium nitride coatings [J]. Surface & Coatings Technology, 2000, 126 (2-3): 199~209.

[13] Ahn S H, Choi Y S, Kim J G, et al. A study on corrosion resistance characteristics of PVD CrN coated steels by electrochemical method [J]. Surface & Coatings Technology, 2002, 150 (2-3): 319~326.

[14] Creusa J, Idrissia H, Mazille H, et al. Improvement of the corrosion resistance of CrN coated steel by an interlayer [J]. Surface & Coatings Technology, 1998, 107 (2-3): 183~190.

[15] Liu C, Leyland A, Bi Q, et al. Corrosion resistance of multi-layered plasma-assisted physical vapour deposition TiN and CrN coatings [J]. Surface & Coatings Technology, 2001, 141 (2-3): 164~173.

[16] Liu C, Bi Q, Matthews A. EIS comparison on corrosion performance of PVD TiN and CrN coated mild steel in 0.5 N NaCl aqueous solution [J]. Corrosion Science, 2001, 43 (10): 1953~1961.

[17] 王静, 张广安, 王立平. 金属复合对 CrN 的结构及摩擦磨损性能的影响 [J]. 润滑与密封, 2008, 33 (5): 30~38.

[18] Knotek O, Loefer F, Kreme G. Multicomponent and multilayer physically vapor deposited coatings for cutting tools [J]. Surface & Coatings Technology, 1992, 54 (1-3): 241~248.

[19] Lugscheider E, Knotek O, Barimani C, et al. Cr-C-N coatings deposited with different reactive carbon carrier gases in the arc PVD process [J]. Surface & Coatings Techoology, 1997, 94-95 (1-3): 416~421.

[20] Almer J, Odén M, Håkansson G. Microstructure and thermal stability of arc-evaporated Cr-C-N coatings [J]. Philosophical Magazine, 2004, 84 (7): 611~630.

[21] Almer J, Odén M, Håkansson G. Microstructure, stress and mechanical properties of arc-evaporated Cr-C-N coatings [J]. Thin Solid Films, 2001, 385 (1-2): 190~197.

[22] Wang Q Z, Zhou F, Ding X D, et al. Microstructure and water-lubricated friction and wear properties of CrN(C) coatings with different carbon contents [J]. Applied Surface Science, 2013, 268: 579~587.

[23] Tong C Y, Lee J W, Kuo C C, et al. Effects of carbon content on the microstructure and mechanical property of cathodic arc evaporation deposited CrCN thin films [J]. Surface & Coatings Technology, 2013, 231: 482~486.

[24] Warcholiński B, Gilewicz A, Kukliński Z, et al. Arc-evaporated CrN, CrN and CrCN coatings [J]. Vacuum, 2009, 83 (4): 715~718.

[25] Warcholiński B, Gilewicz A. Effect of substrate bias voltage on the properties of CrCN and CrN coatings deposited by cathodic arc evaporation [J]. Vacuum, 2013, 90: 145~150.

[26] Warcholiński B, Gilewicz A, Kukliński Z, et al. Hard CrCN/CrN multilayer coatings for tribological applications [J]. Surface & Coatings Technology, 2010, 204 (14): 2289~2293.

[27] Čekada M, Maček M, Merl D K, et al. Properties of Cr(C, N) hard coatings deposited in Ar-C_2H_2-N_2 plasma [J]. Thin Solid Films, 2003, 433 (1-2): 174~179.

[28] Polcar T, Vitu T, Cvrcek L, et al. Effects of carbon content on the high temperature friction and wear of chromium carbonitride coatings [J]. Tribology International, 2010, 43 (7): 1228~1233.

[29] Merl D K, Panjan P, Čekada M, et al. The corrosion behavior of Cr-(C, N) PVD hard coatings deposited on various substrates [J]. Electrochimica Acta, 2004, 49 (9-10): 1527~

1533.

[30] Sugishima A, Kajioka H, Makino Y. Phase transition of pseudobinary Cr-Al-N films deposited by magnetron sputtering method [J]. Surface and Coatings Technology, 1997, 97: 590~594.

[31] Reiter A E, Derflinger V H, Hanselmann B, et al. Investigation of the properties of $Al_{1-x}Cr_xN$ coatings prepared by cathodic arc evaporation [J]. Surface and Coatings Technology, 2005, 200: 2114~2122.

[32] Wang L P, Zhang G A, Wood R J K, et al. Fabrication of CrAlN nanocomposite films with high hardness and excellent anti-wear performance for gear application [J]. Surface Coating Technology, 2010, 204: 3517~3524.

[33] Li Z, Munroe P, Jiang Z T, et al. Designing super-hard, self-toughening CrAlN coatings through grain boundary engineering [J]. Acta Materialia, 2012, 60: 5735~5744.

[34] Gant A J, Gee M G, Orkney L P. The wear and friction behaviour of engineering coatings in ambient air and dry nitrogen [J]. Wear, 2011, 271: 2164~2175.

[35] Yu C Y, Wang S B, Li T B, et al. Tribological behaviour of CrAlN coatings at 600 degrees C [J]. Surface Engineer, 2013, 29 (4): 318~321.

[36] Garkas W, Weiss S, Wang Q M. $Cr_{1-x}Al_xN$ as a candidate for corrosion protection in high temperature segments of CCS plants [J]. Environmental Earth Sciences, 2013, 70: 3761~3770.

[37] Chim Y C, Ding X Z, Zeng X T, et al. Oxidation resistance of TiN, CrN, TiAlN and CrAlN coatings deposited by lateral rotating cathode arc [J]. Thin Solid Films, 2009, 517: 4845~4849.

[38] Wang L, Nie X. Effect of snnealing temperature on tribological properties and material transfer phenomena of CrN and CrAlN coatings [J]. Journal of Materials Engineering and Performance, 2013, 23: 560~571.

[39] Lin J, Mishra B, Moore J J, et al. A study of the oxidation behavior of CrN and CrAlN thin films in air using DSC and TGA analyses [J]. Surface and Coatings Technology, 2008, 202: 3272~3283.

[40] Pornwasa W, Sarayut T, Chaman E, et al. Corrosion behaviors and mechanical properties of CrN film [J]. Advance Materials Research, 2013, 853: 155~163.

[41] Lackner J M, Waldhauser W. Inorganic PVD and CVD coatings in medicine-A review of protein and cell adhesion on coated surfaces [J]. Journal of Adhesion Science and Technology, 2010, 24: 925~961.

[42] Bobzin K, Bagcivan N, Immich P, et al. PVD-eine erfolgsgeschichte mit Zukunft [J]. Materialwissenschaft und Werkstofftechnik, 2008, 39: 5~12.

[43] Mauermann M, Eschenhagen U, Bley T, et al. Surface modifications-application potential for the reduction of cleaning costs in the food processing industry [J]. Trends in Food Science & Technology, 2009, 20: 9~15.

[44] Ding X Z, Tan A L K, Zeng X T, et al. Corrosion resistance of CrAlN and TiAlN coatings deposited by lateral rotating cathode arc [J]. Thin Solid Films, 2008, 516: 5716~5720.

[45] Bobzin K, Lugscheider E, Nickel R, et al. Wear behavior of $Cr_{1-x}Al_xN$ PVD-coatings in dry running conditions [J]. Wear, 2007, 263: 1274~1280.

[46] Reiter A E, Mitterer C, Rebelo M, et al. Abrasive and adhesive wear behavior of arc-evaporated $Al_{1-x}Cr_xN$ hard coatings [J]. Tribology Letters, 2009, 37: 605~611.

[47] Mo J L, Zhu M H, Lei B, et al. Comparison of tribological behaviours of AlCrN and TiAlN coatings-deposited by physical vapor deposition [J]. Wear, 2007, 263: 1423~1429.

[48] 付英英, 李红轩, 吉利, 等. CrN 和 CrAlN 薄膜的微观结构及在不同介质中的摩擦学性能 [J]. 中国表面工程, 2012, 25: 8~12.

[49] 单磊, 王永欣, 李金龙. CrN 和 CrAlN 涂层海水环境摩擦学性能研究 [J]. 摩擦学报, 2014, 34: 468~476.

[50] Luster B, Stone D, Singh D, et al. Textured VN coatings with Ag_3VO_4 solid lubricant reservoirs. Surf Coat Technol. 2011; 206: 1932~1935.

[51] Luo Q. Temperature dependent friction and wear of magnetron sputtered coating TiAlN/VN. Wear. 2011; 271: 2058~2066.

[52] Su Q, Liu X, Ma H, et al. Raman spectroscopic characterization of the microstructure of V_2O_5 films. J Solid State Electr. 2008; 12: 919~923.

[53] Ge F, Zhu P, Meng F, et al. Achieving very low wear rates in binary transition-metal nitrides: The case of magnetron sputtered dense and highly oriented VN coatings. Surf Coat Technol. 2014; 248: 81~90.

[54] Mu Y, Liu M, Zhao Y. Carbon doping to improve the high temperature tribological properties of VN coating. Tribol Int. 2016, 97: 327~336.

[55] Escobar C, Villarreal M, Caicedo J, et al. Tribological and wear behavior of HfN/VN nano-multilayer coated cutting tools. Ingeniería e Investigación. 2014; 34: 22~28.

[56] Fateh N, Fontalvo G A, Gassner G, et al. Influence of high-temperature oxide formation on the tribological behaviour of TiN and VN coatings [J]. Wear, 2007, 262 (9-10): 1152~1158.

[57] Gassner G, Mayrhofer P H, Kutschej K, et al. A new low friction concept for high temperatures: lubricious oxide formation on sputtered VN coatings [J]. Tribology Letters, 2004, 17 (4): 751~756.

[58] Fateh N, Fontalvo G A, Gassner G, et al. The beneficial effect of high-temperature oxidation on the tribological behaviour of V and VN coatings [J]. Tribology letters, 2007, 28 (1): 1~7.

[59] Ge F, Zhu P, Meng F, et al. Achieving very low wear rates in binary transition-metal nitrides: The case of magnetron sputtered dense and highly oriented VN coatings [J]. Surface and Coatings Technology, 2014, 248: 81~90.

[60] Münz W D, Donohue L A, Hovsepian P E. Properties of various large-scale fabricated TiAlN- and CrN-based superlattice coatings grown by combined cathodic arc-unbalanced magnetron sputter deposition [J]. Surface and Coatings Technology, 2000, 125 (1-3): 269~277.

[61] Vancoille E, Celis J P, Roos J R. Dry sliding wear of TiN based ternary PVD coatings [J]. Wear, 1993, 165 (1): 41~49.

[62] Ohnuma H, Nihira N, Mitsuo A, et al. Effect of aluminum concentration on friction and wear properties of titanium aluminum nitride films [J]. Surface and Coatings Technology, 2004, 177: 623~626.

[63] Rainforth W M, Zhou Z. On the structure and oxidation mechanisms in nanoscale hard coatings [C]//Journal of Physics: Conference Series. IOP Publishing, 2006, 26 (1): 89.

[64] Zhou Z, Rainforth W M, Luo Q, et al. Wear and friction of TiAlN/VN coatings against Al_2O_3 in air at room and elevated temperatures [J]. Acta Materialia, 2010, 58 (8): 2912~2925.

[65] Yu L, Li Y, Ju H, et al. Microstructure, mechanical and tribological properties of magnetron sputtered VCN films [J]. Surface Engineering, 2017, 33 (12): 919~924.

[66] Mu Y, Liu M, Zhao Y. Carbon doping to improve the high temperature tribological properties of VN coating [J]. Tribology International, 2016, 97: 327~336.

[67] Yang X, Mu Y. An innovative VCN coating for high-temperature tribological applications via orthogonal research [J]. (2020) https://doi.org/10.1080/10402004.2020.1780360.

[68] Chen H, Xie X, Wang Y, et al. Understanding corrosion and tribology behaviors of VN and VCN coatings in seawater [J]. Tungsten, 2019, 1 (1): 110~119.

[69] Cai Z, Pu J, Wang L, et al. Synthesis of a new orthorhombic form of diamond in varying-C VN films: microstructure, mechanical and tribological properties [J]. Applied Surface Science, 2019, 481: 767~776.

[70] Bondarev A V, Kvashnin D G, Shchetinin I V, et al. Temperature-dependent structural transformation and friction behavior of nanocomposite VCN-(Ag) coatings [J]. Materials & design, 2018, 160: 964~973.

[71] Hovsepian P E, Ehiasarian A P, Deeming A, et al. Novel TiAlCN/VCN nanoscale multilayer PVD coatings deposited by the combined high-power impulse magnetron sputtering/unbalanced magnetron sputtering (HIPIMS/UBM) technology [J]. Vacuum, 2008, 82 (11): 1312~1317.

[72] Kamath G, Ehiasarian A P, Purandare Y, et al. Tribological and oxidation behaviour of TiAlCN/VCN nanoscale multilayer coating deposited by the combined HIPIMS/(HIPIMS-UBM) technique [J]. Surface and Coatings Technology, 2011, 205 (8-9): 2823~2829.

[73] Hovsepian P E, Ehiasarian A P. Six strategies to produce application tailored nanoscale multilayer structured PVD coatings by conventional and High Power Impulse Magnetron Sputtering (HIPIMS) [J]. Thin Solid Films, 2019, 688: 137409.

[74] Hovsepian P E, Ehiasarian A P, Petrov I. Structure evolution and properties of TiAlCN/VCN coatings deposited by reactive HIPIMS [J]. Surface and coatings technology, 2014, 257: 38~47.

2　316L 不锈钢表面沉积 CrCN 涂层结构及海水环境摩擦学性能

材料在海洋中的损耗不仅仅来源于海水的腐蚀作用，还往往伴随着激烈的摩擦磨损，其主要来源于含砂流体的冲蚀作用和海洋工程装备中摩擦部件的相对运动[1~4]。腐蚀和摩擦的交互作用往往加速材料的损耗，而且损耗量一般远大于腐蚀和磨损简单的加和，腐蚀能加大磨损，而磨损又反过来可以促进腐蚀[5~9]。如对受到腐蚀摩擦的不锈钢来说，不锈钢在腐蚀介质中具有良好的抗蚀性归功于其能在表面形成小于 10 nm 厚的钝化膜，而当其受到摩擦的情况下，钝化膜遭到刮除或破坏，新鲜的基体暴露在腐蚀溶液中，导致金属加速腐蚀溶解，反过来又加速摩擦磨损。

本章通过在 316L 不锈钢上表面沉积 CrCN 涂层，通过对比研究基体表面制备涂层前后两种材料的力学性能以及在大气、去离子水、海水条件下的摩擦磨损性能。通过分析涂层的存在，对材料结构及力学性能产生的影响，进而研究在大气、去离子水及海水环境下的摩擦机理。

2.1　制备与表征

2.1.1　CrCN 涂层的制备

基材选用 316L 不锈钢（24mm×12mm×2mm）和单晶硅。在 N_2 与 C_2H_2 的环境下，利用多弧离子镀系统溅射高纯 Cr 靶（纯度为 99.99%）沉积 CrCN 涂层。在沉积前，基材浸泡在石油醚溶剂中 10~15min 除去油脂，然后在丙酮中用超声波清洗 10min，清洗 3 次，最后用干燥气体吹干并放入腔体中。把腔体温度升高至 350℃，并且腔内真空度抽至 $4×10^{-3}$ Pa，接着在 -900V、-1100V 和 -1200V（偏压的负号指方向，后文同）的偏压下采用氩等离子体依次对基体材料进行刻蚀 3min，用来除去基体表面的氧化物及黏着物。在制备 CrCN 涂层之前，先沉积 Cr 过渡层，设定偏压为 -20V，靶电流为 65A，沉积时间为 30min；再通入乙炔（40mL/min，标准状态下）和氮气（800mL/min，标准状态下），纯度均为 99.99%，设定沉积偏压为 -70V，靶电流保持不变，沉积 CrCN 涂层。

2.1.2 CrCN 涂层的结构及力学性能表征

通过 XRD、XPS、SEM 分析涂层的微观结构；利用划痕系统表征涂层的结合强度；利用纳米压痕仪测试涂层的纳米硬度和弹性模量；采用台阶轮廓仪测试涂层的表面粗糙度。

2.1.3 CrCN 涂层的电化学及摩擦学性能表征

在电化学工作站上，选用传统的三电极体系，在人工标准海水环境中进行塔菲尔曲线测量，人工海水配方见表 2-1。测试前把样品安装在固定夹具上，使得样品表面只留出面积为 $1cm^2$ 区域作为测试表面。测试过程中，开路电位测试 30min 至体系达平衡状态后再测量 Tafel 曲线，其结果可用于获得腐蚀电位（E_{corr}）和腐蚀电流密度（i_{corr}）。

表 2-1 人工海水配方　　　　　　　　　　　　　　　　（g/L）

溶液	NaCl	Na_2SO_4	$MgCl_2$	$CaCl_2$	$SrCl_2$
浓度	24.53	4.09	5.20	1.16	0.025
溶液	KCl	$NaHCO_3$	KBr	H_3BO_3	NaF
浓度	0.695	0.201	0.101	0.027	0.003

在室温下，选用多功能往复滑动摩擦试验机评价 CrCN 涂层在大气、去离子水和海水环境下的摩擦学性能。WC 材料是水环境中机械部件的理想候选者，因为它具有优异的耐水腐蚀性能、高硬度和相对较高的断裂韧性。因此，选用直径为 3mm 的 WC 球（94%WC+6%Co）用于摩擦性能测试。摩擦实验设定恒定负载 5N，加载频率 5Hz 及单次滑移行程 5mm。实验结束后，根据轮廓仪测量的磨损轨迹深度曲线，并使用公式 $K = V/FS$ 计算磨损率。其中，V 是涂层的磨损体积，S 是滑动距离，F 是施加的法向载荷。

2.2 CrCN 涂层的微观结构

图 2-1 为 316L 不锈钢及 CrCN 涂层的 XRD 衍射图谱。选定铜靶 K_α 射线（$\lambda = 0.15404nm$）为发射源，扫描范围为 20°~90°。结果表明，316L 不锈钢中存在 3 个明显的衍射峰，其中（111）面具有强烈的择优取向，同时这 3 个衍射峰的强度高，宽度窄，结晶程度高。而镀有 CrCN 涂层的基体材料中存在 5 个衍射峰，分别对应为 CrN(111)、CrN(200)、CrN(220)、CrN(222) 和 Cr_7C_3(421)。其中（421）和（220）衍射峰较为明显，且无 316L 不锈钢中基体峰，说明 CrCN 涂层的厚度大于 XRD 设备的检测深度。同时，斜方晶系的 Cr_7C_3 是一种强化相，它的存在有利于提高材料的力学性能。

2.2 CrCN 涂层的微观结构

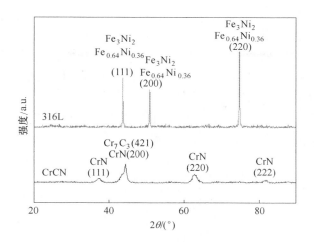

图 2-1 316L 不锈钢及 CrCN 涂层的 XRD 图谱

图 2-2 为 CrCN 涂层的表面及截面形貌。在图 2-2（a）中，涂层表面均存在"鹅卵石"状的宏观大颗粒。同时，表面还存在少数微坑，主要是因为在沉积过程中，高能粒子轰击表面，使得疏松的表面大颗粒液滴剥落下来。在图 2-2（b）中，CrCN 涂层呈致密的柱状晶结构，其厚度大约 4μm；Cr 过渡层清晰可见，厚度约为 0.5μm。

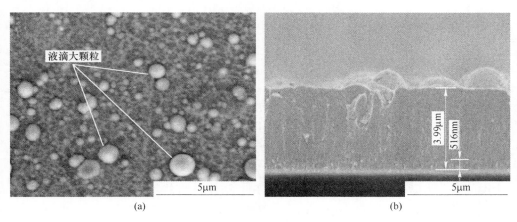

图 2-2 CrCN 涂层表面及截面微观形貌
（a）表面形貌；（b）截面形貌

图 2-3 为 CrCN 涂层中的 C 1s 的精细图谱。由图可知，C 1s 峰谱中存在 2 个显著的峰，键能依次处在 283eV 和 285eV 附近。经拟合分析可知，283eV 附近的峰对应为 C—Cr，说明涂层中部分 C 以碳化物形式存在[10]；285eV 附近的峰可以

拟合成 2 个部分，依次为 sp^2C—C 和 sp^3C—C 杂化键，相应键能为 284.6eV 和 286eV[11,12]。通过计算可得，C—Cr，sp^2C—C 和 sp^3C—C 的比例分别约为 43.9%、49.8%和 3.7%。C 元素的存在形式能显著影响涂层的性能，类石墨结构的杂化碳（sp^2C—C）具有良好的润滑效果，能够明显降低涂层与 WC 硬质小球之间的摩擦阻力，进而降低摩擦系数；C—Cr 和金刚石结构的杂化碳（sp^3C—C）具有很高的硬度，能显著改善涂层的力学性能。而 316L 不锈钢内部 C 元素含量少，难以形成这些结构，因此 CrCN 涂层比基体材料具有更高的硬度。

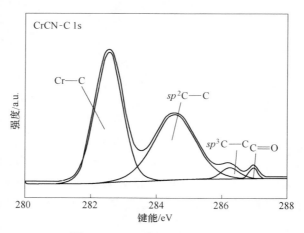

图 2-3　CrCN 涂层的 C 1s 图谱

2.3　CrCN 涂层的力学性能

硬度是考量硬质涂层耐磨性的首要条件，弹性应变过程与硬度及弹性模量均有联系。包亦望等学者[13]的研究结果证明，固体材料的硬度 H 与弹性模量 E 之间的关系取决于材料本身的能量耗散能力，硬度和弹性模量的比值越小，说明材料局部能量耗散越大，压头卸载后的弹性恢复也越小。表 2-2 为基体材料及 CrCN 涂层的部分力学性能参数。从表 2-2 可知，基体材料的纳米硬度及模量分别为 4GPa 与 183GPa，经沉积 CrCN 后，纳米硬度及模量分别提高到 22GPa 与 310GPa，同时 H/E 和 H^3/E^2 分别提高到 0.071 与 0.11GPa，说明 CrCN 的存在能明显改善材料的纳米硬度与弹塑性。C—Cr 和金刚石结构的杂化碳（sp^3C—C）的形成是改善材料力学性能的主要原因。

涂层与基体之间结合力的强弱对于耐磨防护涂层的服役稳定性及安全性至关重要。CrCN 涂层的全程声波信号、划痕形貌及临界载荷均列于图 2-4 中。整体看来，声波信号在加载载荷为 134N 之前较为平稳，无明显开裂迹象，当加载载荷达到 134N 时,声波信号开始出现轻微波动,涂层表面产生轻微裂纹,因此涂层的临界载荷约为 134N。

表 2-2　316L 不锈钢及 CrCN 涂层的力学性能

材　料	H/GPa	E/GPa	H/E	(H^3/E^2)/GPa
316L	4	183	0.022	0.002
CrCN	22	310	0.071	0.11

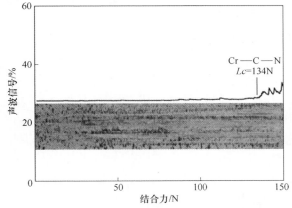

图 2-4　CrCN 涂层的划痕形貌及临界载荷

2.4　CrCN 涂层的耐蚀性能

图 2-5 为 CrCN 涂层及基体材料在人工海水条件下的塔菲尔曲线。如图 2-5 所示,基体材料的腐蚀电位是 -0.21V,自腐蚀电流密度为 $3.9673×10^{-8}$ A/cm²,呈

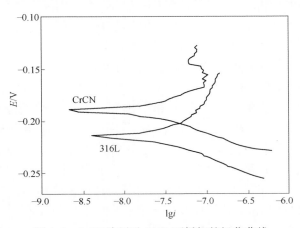

图 2-5　CrCN 涂层及 316L 不锈钢的极化曲线

现出良好的耐腐蚀性能。镀有CrCN涂层的316L不锈钢在海水环境下的腐蚀电位为-0.19V,自腐蚀电流密度为2.1362×10^{-8} A/cm^2,且在腐蚀电位为-0.15~-0.125V之间出现钝化区域,阳极极化曲线斜率较大。综合上述现象分析,在316L不锈钢上沉积CrCN涂层后,腐蚀电位升高,自腐蚀电流密度下降,阳极塔菲尔曲线斜率增大,表明其电阻系数较高,抗腐蚀能力得到提升。主要原因是CrCN涂层具有致密的结构,作为防护层覆盖在316L不锈钢上,能有效防止海水中的分子和离子进入材料内部形成微型原电池,进而防止腐蚀发生[14]。

2.5 CrCN涂层的摩擦学性能

图2-6为CrCN涂层及基体材料在大气、去离子水和海水环境下的摩擦曲线及平均摩擦系数。从图2-6(a)显示可知,摩擦曲线整体呈先上升后递减,最终到达稳定状态。这是因为摩擦初始阶段,样品表面大颗粒的存在致使摩擦曲线趋于上升;大颗粒被磨平后,表面相对平整,摩擦曲线趋于下降,最终到达平稳的摩擦阶段。相比未镀膜的316L不锈钢,镀有CrCN涂层的316L不锈钢在大气、去离子水和海水环境下摩擦系数均明显降低。结合图2-6(b)可知,未镀膜的316L不锈钢在大气、去离子水及海水条件下的平均摩擦系数分别为0.5、0.4及0.35;镀有CrCN涂层的316L不锈钢在大气、去离子水及海水环境下的摩擦系数分别为0.38、0.25及0.22。主要原因有两方面:(1)CrCN涂层中类石墨结构的sp^2C—C具有良好的润滑作用,有效减小了摩擦过程中的剪切应力;(2)CrCN涂层的硬度明显高于316L不锈钢,能改善材料的承载能力,减小摩擦过程中的接触面积,使摩擦过程变得更平稳。就摩擦介质而言,摩擦系数在大气环境下最高,去离子水次之,海水下最低。主要是因为在水环境下,水可以形成转移膜,降低摩擦表面的剪切应力,起到润滑的作用。而海水中的Mg^{2+}和Ca^{2+}容易在涂层和摩擦配副的接触面形成一种具有润滑作用的物质(Mg(OH)$_2$和CaCO$_3$),进一步起到减小摩擦阻力的作用,最终减小摩擦系数[15,16]。

利用表面轮廓仪测量磨痕的二维轮廓,结果如图2-7所示。通过计算,基体材料在大气、海水和去离子水环境里的磨痕深度分别约为27.5μm、7μm和4.5μm。而CrCN涂层在大气、海水和去离子水环境中的磨痕深度分别约为0.665μm、0.547μm和0.543μm。结合涂层厚度可知,涂层都未被磨穿,换言之,涂层能起到一种有效的保护作用。就磨痕轮廓深度而言,基体材料的磨损体积都明显高于CrCN涂层。就摩擦介质而言,磨损体积在大气、海水和去离子水环境下依次降低。运用公式$\Delta K=V/SF$计算材料的体积磨损率,316L不锈钢在大气、去离子水和海水环境下的体积磨损率分别是1.2111×10^{-4} mm^3/(N·m)、6.7399×10^{-6} mm^3/(N·m)、1.6185×10^{-5} mm^3/(N·m);CrCN涂层在大气、去离

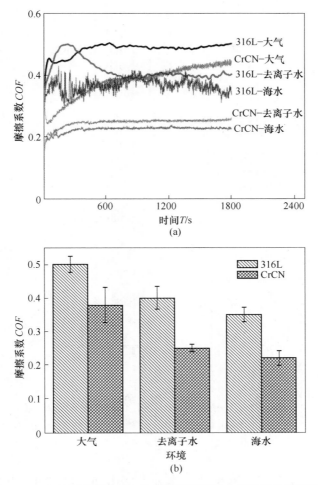

图 2-6 316L 不锈钢及 CrCN 涂层的摩擦系数曲线及平均摩擦系数
(a) 摩擦系数曲线；(b) 平均摩擦系数

子水、海水条件中的体积磨损率分别为 1.7171×10^{-6} mm³/(N·m)、6.7986×10^{-7} mm³/(N·m)、9.5297×10^{-7} mm³/(N·m)。整体而言，大气环境下的体积磨损率明显高于水环境，同时海水环境下的磨损率高于去离子水环境。相对于干摩擦，水能在摩擦过程中形成一层低剪切应力的水膜而起到润滑作用；海水环境中高浓度的 Cl^- 容易使材料新鲜表面暴露出来，导致材料直接与腐蚀介质接触，进一步加剧磨损。而 CrCN 涂层的磨损率明显低于 316L 不锈钢，主要是因为 CrCN 涂层的硬度和弹塑性优于 316L 不锈钢，进而改善了材料的耐磨性能。

为了进一步研究基体镀膜前后的磨损机制，316L 不锈钢及 CrCN 涂层在大气、去离子水及海水环境下的磨痕形貌如图 2-8 所示。基体材料在大气、海水和

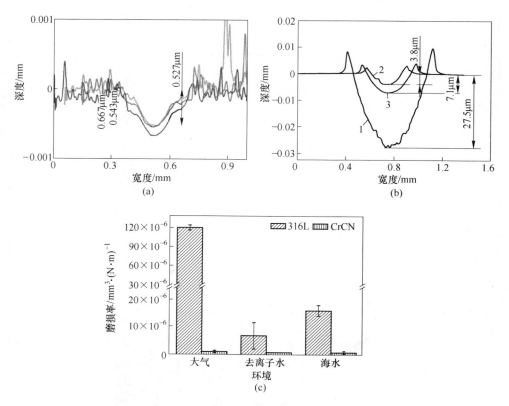

图 2-7 316L 不锈钢及 CrCN 涂层的磨痕轮廓及磨损率
(a) CrCN 涂层的磨痕轮廓；(b) 316L 不锈钢的磨痕轮廓；(c) 磨损率
1—316L 大气；2—316L 去离子水；3—316L 海水

去离子水环境下的磨痕形貌宽度分别为 705.5μm、448.8μm 和 325.9μm；而 CrCN 涂层在大气、海水及去离子水环境中的磨痕形貌宽度分别为 286.7μm、318.9μm 和 304.7μm。很明显，CrCN 涂层在大气、去离子水及海水环境下的磨痕形貌宽度均小于未镀膜的 316L 不锈钢。同时，磨痕的宽度在大气、海水及去离子水环境下呈现出依次递减的规律，在未镀膜的 316L 不锈钢中最为显著。在大气环境下，两种材料表面均有部分硬质颗粒剥落，这些硬质颗粒在往复的摩擦过程中容易划伤材料表面。在海水环境下，两种材料表面均有少数微孔，但 316L 不锈钢表面出现明显的剥落现象，这表明镀有 CrCN 涂层后，材料在海水环境下的抗腐蚀性得到提升。在去离子水环境下，316L 不锈钢表面存在少数微坑，CrCN 涂层表面光滑平整，无明显剥落迹象和微孔。同时，316L 不锈钢在 3 种不同环境下的磨痕形貌中均出现变形不均匀的现象，主要原因是材料硬度低，在往复滑动过程中容易产生变形；韧性差，在承受载荷后恢复形变的能力低。

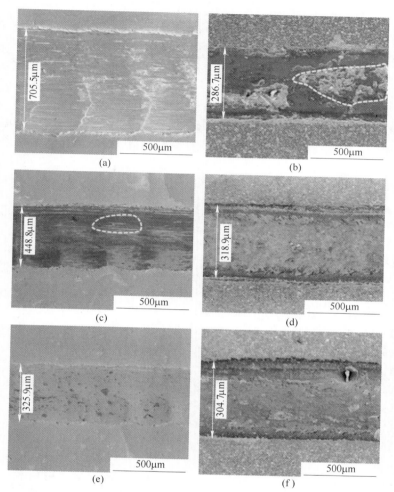

图 2-8 316L 不锈钢及 CrCN 涂层在大气、海水及去离子水环境下的磨痕形貌
（a）316L-大气；（b）CrCN 涂层-大气；（c）316L-海水；（d）CrCN 涂层-海水；
（e）316L-去离子水；（f）CrCN 涂层-去离子水

参 考 文 献

[1] Mischler S. Triboelectrochemical techniques and interpretation methods in tribocorrosion: A comparative evaluation [J]. Tribology International, 2008, 41: 573~583.

[2] 周广宏，丁红燕. 铬-锰-氮奥氏体不锈钢在含沙海水中的冲蚀磨损行为研究 [J]. 润滑与密封, 2007, 32: 132~134.

[3] Landolt D, Mischler S, Stemp M. Electrochemical methods in tribocorrosion: a critical appraisal

[J]. Electrochimica Acta, 2001, 46: 3913~3929.

[4] 张巨川, 段隆臣, 谢北萍. 含砂盐水对钻头钴基胎体材料冲蚀腐蚀磨损的试验研究[J]. 地质科技情报, 2010, 29: 139.

[5] 翟江. 海水淡化高压轴向柱塞泵的关键技术研究[D]. 杭州: 浙江大学, 2012.

[6] 申凤梅. 海水柱塞泵关键摩擦副的材料选配及可靠性研究[D]. 北京: 北京工业大学, 2014.

[7] 张丽静. 海水润滑塑料轴承的摩擦学性能研究[D]. 青岛: 青岛理工大学, 2012.

[8] 向东湖. 水润滑下工程塑料及陶瓷涂层的摩擦学特性研究[D]. 武汉: 华中科技大学, 2005.

[9] 张国宏, 成林, 李钰, 等. 海洋耐蚀钢的国内外进展[J]. 中国材料进展, 2014, 33: 426~435.

[10] Goretzki H, Rosenstiel P V, Mandziej S, et al. Small area MXPS and TEM-measurements on temper-embrittled 12-precent CR steel [J]. Chemstry, 1989, 333: 451~457.

[11] Dai W, Ke P L, Wang A Y. Microstructure and property evolution of Cr-DLC films with different Cr content deposited by a hybrid beam technique [J]. Vacuum, 2011, 85: 792~797.

[12] Zhou F, Adachi K, Kato K. Friction and wear property of a-CN_x coating sliding against ceramic and steel balls in water [J]. Diamond and Related Materials, 2005, 14: 1711~1720.

[13] Bao Y W, Wang W, Zhou Y C. Investigation of the relationship between elastic modulus and hardness based on depth-sensing indentation measurements [J]. Acta Materialia, 2004, 52 (18): 5397~5404.

[14] 唐宾, 李咏梅, 秦林, 等. 离子束增强沉积CrN膜层及其微动摩擦学性能研究[J]. 材料热处理学报, 2005, 26 (3): 58~60.

[15] Chen B B, Wang J Z, Yan F Y. Friction and wear behaviors of several polymers sliding against gcr15 and 316 steel under the lubrication of sea water [J]. Tribology Letters, 2011, 42 (1): 17~25.

[16] Wang J Z, Yan F Y, Xue Q J. Friction and wear behavior of ultra-high molecular weight polyethylene sliding against GCr15 steel and electroless Ni-P alloy coating under the lubrication of seawater [J]. Tribology Letters, 2009, 35 (2): 85~95.

3 CrN 和 CrCN 涂层结构及海水环境摩擦学性能

PVD 制备的过渡金属氮化物硬质涂层已广泛运用于工业领域。其中，通过 PVD 技术沉积的 CrN 涂层比其他氮化物涂层具有更高的耐腐蚀性和抗氧化性。但是，CrN 涂层在某些极端条件下无法满足部分应用的要求。在 CrN 涂层中掺入 C 元素对涂层的微观结构和性能有着重要的影响。本章通过在 316 L 不锈钢上沉积 CrN 和 CrCN 涂层，对比研究 C 元素掺入 CrN 涂层后两种涂层的力学性能以及在大气、去离子水及海水条件下的摩擦磨损性能。通过分析 C 元素在涂层中的存在形式，对涂层结构及力学性能产生的影响，进而研究在大气、去离子水及海水环境下的摩擦机理。

3.1 制备与表征

3.1.1 CrN 和 CrCN 涂层的制备

基体的前处理及 CrN 及 CrCN 涂层的制备过程与第 2 章相同。但在沉积 CrN 涂层时，氮气流量设定为 400mL/min（标准状态下），纯度为 99.999%，靶电流设定为 60A，沉积偏压设定为 -70V。较之于沉积 CrN 涂层，沉积 CrCN 涂层时通入 C_2H_2 气体，流量为 40mL/min（标准状态下），纯度为 99.999%。

3.1.2 CrN 和 CrCN 涂层的结构及力学性能表征

通过拉曼光谱仪分析磨斑表面转移膜的成分，其余表征与第 2 章相同。

3.1.3 CrN 和 CrCN 涂层的电化学及摩擦学性能表征

CrN 和 CrCN 涂层的电化学实验和摩擦学实验均与第 2 章相同。

3.2 CrN 和 CrCN 涂层的微观结构

图 3-1 为在单晶硅上制备的两种涂层的表面与断面形貌。由图 3-1（a）和（c）可见，较之于 CrN 涂层，均匀沉积的 CrCN 涂层结构较为致密，无裂纹、气

孔等缺陷。两种涂层表面均有典型多弧离子镀涂层所存在的大液滴特征，如图 3-1（a）中白色颗粒，这主要是在沉积过程中靶材受热蒸发所致；同时，两种涂层表面均有少数微坑，主要是因为在沉积过程中，高能粒子轰击涂层表面，使得疏松的大颗粒液滴剥落。不同之处在于 CrCN 涂层表面有清晰的网格状结构，为进一步分析该现象，通过能谱仪在涂层表面进行区域及线性扫描发现，CrCN 涂层表面 C 元素偏聚在网格线上。图 3-1（b）中从 Cr 过渡层到 CrCN 涂层具有梯度渐变特征，两种涂层的沉积速率相近，CrCN 涂层的整体厚度约为 4.13μm，其中 Cr 过渡层厚度约为 0.648μm。

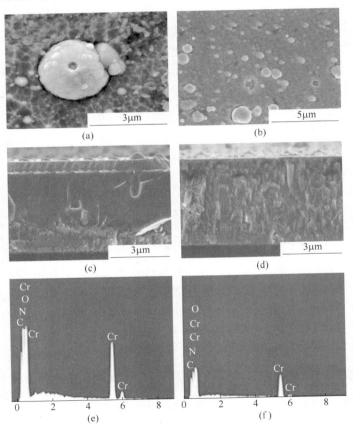

图 3-1 CrN 和 CrCN 两种涂层的表面与断面形貌及网格上和网格外的 EDS 图谱
(a) CrN 涂层表面形貌；(b) CrCN 涂层表面形貌；(c) CrN 涂层截面形貌；
(d) CrCN 涂层截面形貌；(e) 网格上的 EDS 图谱；(f) 网格外的 EDS 图谱

图 3-2 为 CrN 和 CrCN 涂层的 XRD 图谱。由图看出 CrCN 涂层中主要有 7 个明显的衍射晶面，分别为 40°附近的 (111)、(200) 及 (421) 晶面，其中

3.2 CrN 和 CrCN 涂层的微观结构

（111）与（200）晶面对应的相为 CrN，（421）晶面对应的相为 Cr_7C_3；在 60°附近的 CrN(220) 和 C_3N_4(311)；以及 80°附近的 Cr_2N(113) 和 Cr_7C_3(551)。而 CrN 涂层主要有 5 个衍射晶面，分别为 40°附近的（111）及（200）晶面，对应的相均为 CrN；在 60°附近的 CrN(220)；以及 80°附近的 Cr_2N(113) 和 Cr_2N(302)。较之于 CrN 涂层，CrCN 涂层中产生了 Cr_7C_3(421)、Cr_7C_3(551) 和 C_3N_4(311) 三个新衍射峰，而 Cr_7C_3 和 C_3N_4 均是强化相，对改善涂层的力学性能起着重要作用。整体来说，当 C 元素掺杂进入涂层中时，涂层结晶强度降低，打乱了晶体正常的生长，改变了涂层的择优取向。

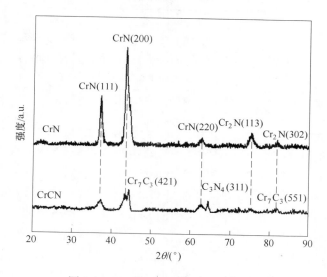

图 3-2 CrN 和 CrCN 涂层 XRD 图谱

结合表 3-1 所示，当 C 元素掺入到涂层中，N 元素含量明显下降，Cr 元素含量只有轻微变化。可以初步认定，C 元素掺入到涂层中，与 N 元素形成化合物相对较为困难，大部分与 Cr 元素结合形成化合物。根据图 3-2 分析可知，C 元素与 Cr 元素主要形成 Cr_7C_3 相，少数 C 元素与 N 元素形成 C_3N_4 相。经过测量，CrCN 涂层表面粗糙度为 94nm，比 CrN 涂层表面略显粗糙，与图 3-1 中 CrCN 涂层表面大颗粒相对应。

表 3-1 涂层的化学成分及表面粗糙度

涂 层	化学成分（原子分数）/%				R_a/nm
	C	Cr	N	O	
Cr/CrN	0	52.42	43.43	4.15	83
Cr/CrCN	14.47	51.81	30.12	3.6	94

表 3-2 为涂层的平均晶粒尺寸、结晶程度与 CrN 相的相对质量分数。与 CrN 涂层相比，CrCN 的总体结晶度与 CrN 物相的相对含量由于 C 元素的掺入而出现小幅下降。两种涂层的平均晶粒尺寸基本相同，均处于较小尺度范围内，但对涂层主要相组成的峰型拟合后可知，CrCN 平均晶粒尺寸的下降主要是由于 C 元素掺入使物相与晶型种类趋于复杂化，计算结果显示 CrCN 涂层中，CrN 晶相与 CrN 涂层差别较为微小。因此可以初步认为 CrCN 涂层的结构是由 Cr-N 二元体系及 Cr_7C_3 晶相共同组成的三元复合体系。

表 3-2 涂层的晶粒尺寸、结晶度与 CrN 相对质量分数

涂 层	CrCN	CrN
平均晶粒尺寸/nm	6.9	7.0
晶粒尺寸/nm	CrN(111)6.8；CrN(200)6.0；CrN(220)6.6；Cr_7C_3(421)15.2；Cr_7C_3(551)12.5	CrN(111)7.9；CrN(200)7.6；CrN(220)4.9
结晶度/%	64.76	76.77
CrN(相对质量分数)/%	89.99	92.89

为了进一步研究 CrN 和 CrCN 涂层的结构，代表性的 TEM 结果如图 3-3 所示。图 3-3（a）显示了 CrN 涂层的高分辨率 TEM 和 SAED 图案。在选择区域电子衍射（SAED）模式中观察到离散的（111）、（200）、（220）和（113）衍射点。结合 XRD 分析可以得出结论，CrN 涂层由具有立方晶系的 CrN 相和具有三角晶系的 Cr_2N 相组成。

与 CrN 涂层的均质分布不同，CrCN 涂层的显微结构较为复杂，其结构中可见明显的深色区域边界，如图 3-3（b）所示，经 EDS 能谱分析为碳原子在晶界处的富集，浅色区域碳原子信号较弱，即涂层内部的元素分布并不均匀，存在着碳化物的偏聚现象，在晶界形成"富碳"区域，硬质的 Cr_7C_3 等物相在晶界富集并于相邻晶界相连，形成了硬质的骨架将贫碳的 Cr-N 区域交联成网络，从而使涂层的力学性能得到提升。"B"区域中显示出的网络连接即是"富碳"的晶界区域。

经标定的 SAED 图样显示其中含有 CrN 的（111）、（200）与（220）3 种晶相，此外还检出 Cr_7C_3 高衍射角范围的（421）、（551）晶相与 C_3N_4(311) 晶相，如图 3-3（c）所示，结合 XRD 衍射图谱解析，可确定涂层内部的基本物相与晶型组成。从涂层的高分辨形貌中可见晶粒直径大约为 5~20nm 的纳米级颗粒，且有部分非晶碳物质，这对于改善 CrCN 涂层的机械特性有重大影响。

对其中粒径较大的纳米晶部位局部放大，如图 3-3（d）所示，其由两个排列方向不同的纳米晶组成，经晶面间距测量后确定其均为 CrN(200) 取向的晶面，但两组晶面间有非常大的夹角，且有排列规整的晶格共用原子，形成孪晶构

型，这些同时位于两个晶体点阵上的原子形成没有扭折的纵向晶界，可以确定涂层内部含共格孪晶，低界面能的孪晶界使形成的纳米晶粒稳定存在，存在共格应力应变，使得位错需要运动的阻力增大，起到了纳米晶增韧的效果。按照 Griffith 断裂机械理论，多晶涂层基体的裂纹扩展多为沿晶断裂而非穿晶断裂，晶相与非晶相的界面增多就增加了微裂纹前缘扩展的屏蔽作用，微裂纹延伸到界面后倾向于产生偏转和分叉，阻碍了微裂纹的继续延伸，进一步改善了涂层的韧性，表现为较高的断裂韧性 Kc 数值。

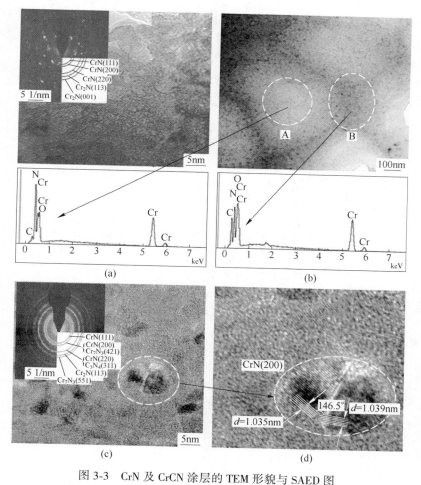

图 3-3　CrN 及 CrCN 涂层的 TEM 形貌与 SAED 图

(a) CrN 涂层的 TEM 形貌；(b) CrCN 涂层的 TEM 形貌；(c)，(d) CrCN 涂层的 SAED 图

为了深入解析涂层中各种元素的化学键存在形式，XPS 谱图中的 C 1s、N 1s 与 Cr 2p 结合能如图 3-4 所示，涂层主要成分为 Cr、C 和 N，局部检测到微量 O，其原因为基体表面上存在尚未处理完全的氧化层。C 1s 谱中分别在 282.8eV、

284.9eV 和 285.8eV 位置的峰对应于 C—Cr、sp^2C—N 和 sp^3C—N[1]，N 1s 谱中分别在 397.7eV、399.2eV 和 400.5eV 位置的峰对应于 Cr_2N 的 N—Cr、N—C 与 N≡C[2~4]，说明涂层中存在 C_3N_4 相，与 XRD 与 HR-TEM 分析结果一致。Cr 2p 谱经拟合完成时存在 5 个谱峰。574.20eV 与 583.60eV 位置的峰为 Cr_7C_3 的 Cr—C[5]，575.60eV 与 576.80eV 位置的峰分别出现 CrN 与 Cr_2N 的 Cr—N[6]，在 585.20eV 位置的峰为 Cr_2O_3 的 Cr—O。分峰拟合后的各种键合态所占比例见表 3-3，CrN 含量很低而 Cr_7C_3 的相对含量极高，说明碳化物的富集并不局限于晶界，而且有向涂层表面偏析的倾向，三方晶系碳化物偏聚于表面，对于提高涂层的摩擦学性能有促进作用，最外层富集硬质碳化物能够降低磨损率。因 XPS 检测深度较浅，涂层表面纳米级厚度的氧化层也有较强的信号响应。

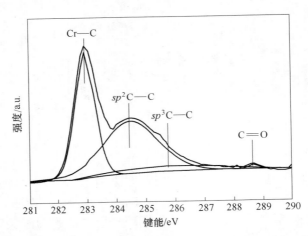

图 3-4 CrCN 涂层的 XPS-C 1s 谱图

表 3-3 C 1s 谱中各化学键的位置及含量

涂层	位置/eV	化学键	浓度（原子分数）/%
CrCN	282.2	Cr—C	41.1
	284.6	sp^2C—C	51.3
	286.5	sp^3C—C	4.7
	278.2	C═O	3.9

3.3 CrN 和 CrCN 涂层的力学性能

硬度是涂层的一个重要力学性能指标。Tsui 等人[7~9]发现近表层材料的屈服应力和断裂韧性均可以通过硬度值（H）与弹性模量值（E）进行计算。屈服应

力 Py 可以表示为：

$$Py = 0.78r^2(H^3/E^2) \tag{3-1}$$

式中，r 为接触区圆形的半径，屈服应力越大，则材料抗塑性变形的能力就越强。此外断裂韧性 Kc 可以表示为：

$$Kc = \alpha_1(H/E)^{1/2}(P/c^{3/2}) \tag{3-2}$$

式中，P 为最大压入载荷；α_1 为一个和压头几何形状有关的经验数值；c 为径向微裂纹长度。根据 Griffith 经典断裂机械裂纹延伸理论，Kc 描述了材料的临界应力强度，常作为材料阻断微裂纹延伸能力大小的衡量标准。表 3-4 为涂层的硬度、模量、H/E 和 H^3/E^2 值。其中 CrN 涂层的硬度约为 19GPa，CrCN 涂层的硬度约为 22.5GPa。较之于 CrN 涂层，由于强化相 Cr_7C_3 的产生和杂化碳的形成等多种强化作用，显著提高了 CrCN 涂层的硬度。CrCN 涂层的 H/E 和 H^3/E^2 分别为 0.07 及 0.101GPa，CrN 涂层的 H/E 和 H^3/E^2 分别为 0.06 及 0.066GPa。显然，CrCN 涂层中的硬模比数值均高于 CrN，表现出较好的弹塑性。

表 3-4 涂层的硬度、弹性模量及硬-弹比

涂 层	H/GPa	E/GPa	H/E	(H^3/E^2)/GPa
CrCN	22.5	321.5	0.07	0.101
CrN	19	309	0.06	0.066

CrN 与 CrCN 涂层的划痕结合力数值如图 3-5 所示，由于碳元素的掺入，涂层的临界载荷出现小幅下降，较之于 CrN 压头加载至 118N 才出现明显的声信号发射，CrCN 涂层在 82N 附近出现了声信号响应，再看声波信号初始波动处对应的划痕形貌均产生裂纹。这与 Warcholiński 等人[10~12]的研究结果一致，碳元素的

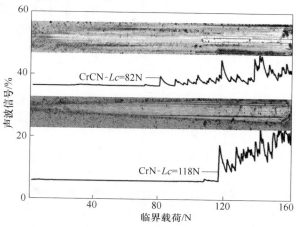

图 3-5 CrN 和 CrCN 涂层的临界载荷 Lc 及划痕形貌

掺入会使涂层的结合力降低。这也许是碳元素掺入涂层，增加了涂层的脆性，导致结合力略有下降。

3.4　CrN 和 CrCN 涂层的耐蚀性能

两种涂层的塔菲尔曲线如图 3-6 所示，较之于 CrN 涂层，CrCN 在海水环境下表现出较高的腐蚀电位与较低的腐蚀电流密度。较之于自腐蚀电位的升高幅度而言，自腐蚀电流密度的降低幅度更为显著，定义 B 是 Stern-Geary 常数，则有

$$B = \frac{\beta_a \beta_c}{2.303(\beta_a + \beta_c)} \tag{3-3}$$

$$B = i_{corr} \cdot R_p \tag{3-4}$$

式（3-4）中，R_p 表示极化阻抗，计算得到的动机械数据记录在表 3-5 中，CrCN 涂层的自腐蚀电流密度 i_{corr} 仅是 0.95×10^{-8} A/cm²，小于 CrN 涂层（4.4×10^{-8} A/cm²）的电流密度，即其发生腐蚀反应的速率小于 CrN 涂层，对应的极化阻抗也大于 CrN 涂层。结合 CrCN 涂层的显微结构分析，其耐腐蚀性能在梯度多层构筑 CrN 涂层基础上进一步提高，与其因碳化物偏聚而强化的晶界有关，耐腐蚀的硬质碳化物聚集在晶界处，使介质掺入基体的概率大幅降低。这与 Merl 等人[13]关于 CrCN 与 CrN 耐腐蚀性的研究结果有较好的一致性。

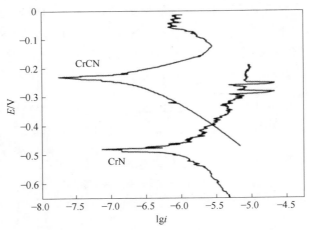

图 3-6　CrN 与 CrCN 涂层在人造海水中的极化曲线

表 3-5　CrCN 与 CrN 在人造海水中的腐蚀动力学参数

参数	β_a	β_c	i_{corr}/A·cm^{-2}	E_{corr}/V	R_p/kΩ
CrN	0.18	0.13	4.40×10^{-8}	-0.48	750
CrCN	0.05	0.06	0.95×10^{-8}	-0.23	1229

3.5 CrN 和 CrCN 涂层的摩擦学性能

图 3-7 是 316L 不锈钢上沉积 CrN 和 CrCN 涂层在不同环境（大气、去离子水、海水）下的摩擦系数。摩擦曲线整体表现出先升高后降低的趋势，最后到达平稳状态。关键是因为摩擦初始阶段，样品表面大颗粒存在，致使摩擦曲线趋于上升；大颗粒被磨平以后，表面相对平整，摩擦系数下降，最终到达平稳磨损阶段。试验表明：所有测试 CrCN 涂层均未被磨穿，CrN 涂层在大气、去离子水、海水环境中摩擦系数分别为 0.72、0.45、0.41；CrCN 涂层在大气、去离子水、海水环境中摩擦系数分别为 0.6、0.38、0.25。就摩擦介质而言，两种涂层的摩擦系数呈现出相同的变化规律，即在大气、去离子水、海水环境下依次降低。形成此规律的原因在于对磨过程时去离子水和海水将会在摩擦界面形成一层水膜，避免涂层与摩擦配副直接接触，减小了摩擦阻力，最终减小摩擦系数；较之于去离子水环境，海水中的 Ca^{2+} 和 Mg^{2+} 能够在摩擦界面处生成 $CaCO_3$ 和 $Mg(OH)_2$，从而达到更好的润滑效果[14,15]。就两种涂层而言，较之于 CrN 涂层，掺入碳元素后，CrCN 涂层在 3 种介质下均表现出较低的摩擦系数。主要原因是 C 元素掺入后在涂层内形成了具有石墨结构的 sp^2 键，在摩擦过程中，能有效地降低摩擦界面的剪切应力，降低摩擦系数。

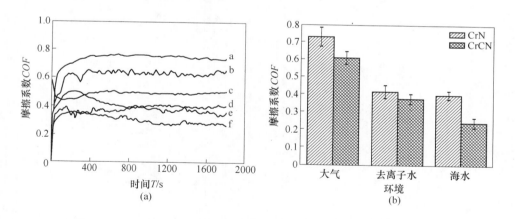

图 3-7 CrN 和 CrCN 涂层在不同环境下的摩擦系数曲线及平均摩擦系数
(a) 摩擦系数曲线；(b) 平均摩擦系数
a—CrN-大气；b—CrCN-大气；c—CrN-去离子水；d—CrN-海水；e—CrCN-去离子水；f—CrCN-海水

图 3-8 为两种硬质涂层在大气、去离子水、海水环境下的磨痕微观形貌图。在大气环境下，两种涂层边缘都堆积着少量磨屑，CrN 涂层磨痕内部表现出明显的黏着现象，当碳元素掺入到涂层中，黏着现象明显减少。在海水环境下，两种

涂层磨痕内部都有腐蚀微孔存在，海水容易沿着微孔进入到涂层内部，进一步腐蚀涂层。较之于 CrN 涂层，掺入碳元素之后磨痕形貌中由腐蚀形成的微孔数量较少。CrN 涂层磨痕内部出现明显剥落迹象，当碳元素掺入到涂层中，剥落迹象得到缓和。在去离子水环境下，两种涂层内部平整光洁，无明显剥落现象。

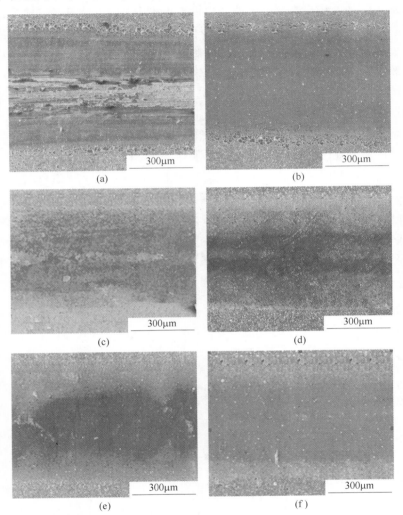

图 3-8　不同环境下涂层表面磨损形貌
(a) CrN，大气中；(b) CrCN，大气中；(c) CrN，海水中；(d) CrCN，海水中；
(e) CrN，去离子水中；(f) CrCN，去离子水中

图 3-9 为 Si_3N_4 摩擦配副与 CrCN 涂层对磨后表面拉曼图谱。具有层状结构的 sp^2 杂化键能在涂层与配副对磨时显著降低其阻力，进而降低摩擦系数。此外，

石墨化效应的产生将促使接触界面上生成一层极薄的转移膜，起到有效的润滑与保护作用。如图 3-9 所示，在大气、去离子水及海水环境下，该拉曼图在 1580cm^{-1} 左右均呈现出一个较强的峰，与 sp^2 所处位置对应，说明 sp^2 润滑相在摩擦过程中存在涂层表面，从而将会对接触面起到有效地固体润滑作用。同时可以明显看到，较之于水环境下，在大气环境中石墨化现象较为明显。

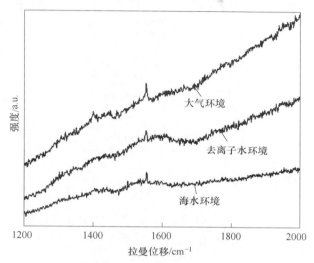

图 3-9　Si$_3$N$_4$ 摩擦配副与 CrCN 涂层对磨后表面拉曼图谱

图 3-10 为两种涂层在大气、去离子水、海水环境中的二维磨痕轮廓形貌。从整体看来，就摩擦环境而言，涂层在大气、海水、去离子水环境下的磨损体积依次降低。在大气、去离子水、海水环境下，CrCN 涂层的磨痕宽度及深度均小于 CrN，可以解释为强化相（C$_3$N$_4$ 和 Cr$_7$C$_3$）的形成提高了涂层的力学性能。图 3-10（a）中显示 CrN 涂层在大气环境下对磨后，磨痕轮廓中心存在明显的凸起，主要原因是黏着现象的发生。

图 3-11 为 CrN 与 CrCN 两种涂层在大气、去离子水、海水环境中的平均磨损率。由图 3-11 可知，就两种涂层而言，和摩擦系数的规律相同，即 CrCN 涂层在 3 种摩擦介质下均表现出比 CrN 涂层较低的磨损率。主要原因在于 C 元素掺入，使得涂层结构致密，硬度增强，不利于裂纹的形成和产生。就摩擦介质而言，两种涂层在大气环境下磨损率最大，海水环境下次之，去离子水环境下磨损率最小。在去离子水条件中对磨时，因为去离子水的润滑与降温效应，磨损率急剧下降；而处在人工海水环境下，因为人工海水的原料中具有许多氯盐，溶于水后形成氯离子，具有很强的腐蚀作用，致使摩擦过程中磨损体积加剧，使得涂层的磨损率高于去离子水环境下。

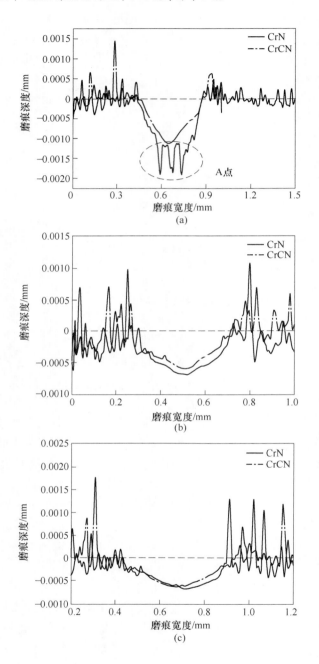

图 3-10 CrN 和 CrCN 涂层在大气、去离子水和海水环境下的磨痕轮廓

(a) 大气环境；(b) 去离子水环境；(c) 海水环境

3.5 CrN 和 CrCN 涂层的摩擦学性能

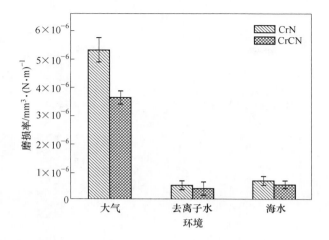

图 3-11 CrN 和 CrCN 涂层在大气、去离子水及海水环境下的磨损率

图 3-12 为 CrN 和 CrCN 涂层在水环境下的摩擦实验模型图。此模型图主要有两个发现：(1) 强化相的 C_3N_4 和 Cr_7C_3 偏聚在晶界，使得 CrCN 涂层表面硬度分布不均匀，在摩擦过程中使涂层处于一种连续不均匀的接触状态，增大了摩擦过程中涂层与摩擦配副之间的瞬时间隙，有利于水膜的形成；(2) 水的边界润滑作用及部分摩擦化学反应的发生。通过文献报道及吉布斯自由能可知 Si 基材料在水环境中受摩擦剪切作用将会发生如下反应[16]：

$$2CrN + 3H_2O \Longrightarrow Cr_2O_3 + 2NH_3 \tag{3-5}$$

$$\Delta G_f^{298} = -250.10 \text{kJ/mol}$$

$$2Cr_2N + 6H_2O \Longrightarrow Cr_2O_3 + 2NH_3 + 3H_2 \tag{3-6}$$

$$\Delta G_f^{298} = -671.9 \text{kJ/mol}$$

$$2Si_3N_4 + 12H_2O \Longrightarrow 3Si(OH)_4 + 4NH_3 \tag{3-7}$$

$$\Delta G_f^{298} = -1268.72 \text{kJ/mol}$$

$$NH_3 + H_2O \Longrightarrow NH_4^+ + OH^- \tag{3-8}$$

其摩擦化学产物 $Si(OH)_4$ 或 Cr_2O_3 被证明可以对摩擦接触面起到有效的润滑作用[17]。而 NH_4^+ 和 OH^- 能增加水中离子的浓度，再加上海水中高浓度的 Cl^-，这些分子和离子能沿着缺陷或裂纹进入涂层内部形成局部原电池，加速对涂层的腐蚀[18]。较之于 CrN 涂层，CrCN 涂层密实的结构能明显阻挡海水的进入，最终降低涂层的磨损。总体来说，相比于 CrN 涂层，本实验制备的 CrCN 涂层具有在大气、去离子水及海水环境下服役的潜在优势。该涂层良好的摩擦学性能，为开发水环境工作部件的表面防护材料提供了一条可行之路。

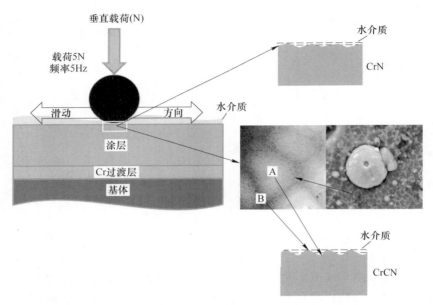

图 3-12　CrN 和 CrCN 涂层的摩擦磨损模型图

参 考 文 献

[1] Goretzki H, Vonrosenstiel P, Mandziej S. Small area MXPS-and TEM-measurements on temper-embrittled 12-percent Cr steel [J]. Fresenius Zeitschrift fur Analytische Chemie, 1989, 333 (4-5): 451, 452.

[2] Marton D, Boyd K J, Albayati A H. Carbon nitride deposited using energetic species-A2-phase system [J]. Physical Review Letters, 1994, 73(1): 118~121.

[3] Cheng Y H, Qiao X L, Chen J G, et al. Dependence of the composition and bonding structure of carbon nitride films deposited by direct current plasma assisted pulsed laser ablation on the deposition temperature [J]. Diamond and Related Materials, 2002, 11(8): 1511~1517.

[4] Lin Y, Munroe P R. Deformation behavior of complex carbon nitride and metal nitride based bilayer coatings [J]. Thin Solid Films, 2009, 517(17): 4862~4866.

[5] Healy M D. Use of tetraneopentyl chromium as a precursor for the organometallic chemical vapor deposition of chromium carbide-A reinvestigation [J]. Chemistry of Materials, 1994, 6(4): 448~453.

[6] Sleigh C, Pijpers A P, Jaspers A, et al. On the determination of atomic charge via ESCA including application to organometallics [J]. Journal of Electron Spectroscopy and Related Phenomena, 1996, 77(1): 41~57.

[7] Tsui T Y, Pharr G M, Oliver W C, et al. Nanoindentation and nanoscratching of hard carbon

coatings for magnetic disks [J]. Materials Research Society Symposium Proceedings, 1995, 383: 447~452.

[8] Pharr G M. Measurement of mechanical properties by ultra-low load indentation [J]. Materials Science and Engineering A-Structural Materials Properties Microstructure and Processing, 1998, 253(1-2): 151~159.

[9] Tsui T Y, Pharr G M. Substrate effects on nanoindentation mechanical property measurement of soft films on hard substrates [J]. Journal of Materials Research, 1999, 14(1): 292~301.

[10] Warcholiński B, Gilewicz A, Kukliński Z, et al. Arc-evaporated CrN, CrN and CrCN coatings [J]. Vacuum, 2009, 83(4): 715~718.

[11] Warcholiński B, Gilewicz A. Effect of substrate bias voltage on the properties of CrCN and CrN coatings deposited by cathodic arc evaporation [J]. Vacuum, 2013, 90: 145~150.

[12] Warcholiński B, Gilewicz A, Kukliński Z, et al. Hard CrCN/CrN multilayer coatings for tribological applications [J]. Surface & Coatings Technology, 2010, 204(14): 2289~2293.

[13] Merl D K, Panjan P, Čekada M, et al. The corrosion behavior of Cr-(C, N) PVD hard coatings deposited on various substrates [J]. Electrochimica Acta, 2004, 49(9-10): 1527~1533.

[14] Chen B B, Wang J Z, Yan F Y. Friction and wear behaviors of several polymers sliding against gcr15 and 316 steel under the lubrication of sea water [J]. Tribology Letters, 2011, 42(1): 17~25.

[15] Wang J Z, Yan F Y, Xue Q J. Friction and wear behavior of ultra-high molecular weight polyethylene sliding against GCr15 steel and electroless Ni—P alloy coating under the lubrication of seawater [J]. Tribology Letters, 2009, 35(2): 85~95.

[16] Polcar T, Cvrcek L, Siroky P, et al. Tribological characteristics of CrCN coatings at elevated temperature [J]. Vacuum, 2005, 80: 113~116.

[17] Xu J, Kato K. Formation of tribochemical layer of ceramics sliding in water and its role for low friction [J]. Wear, 2000, 245: 61~75.

[18] 唐宾, 李咏梅, 秦林, 等. 离子束增强沉积 CrN 膜层及其微动摩擦学性能研究 [J]. 材料热处理学报, 2005, 26(3): 58~60.

4 沉积偏压对 CrCN 涂层结构及海水环境摩擦学性能的影响

在水或海水条件下工作的某些机械组件（例如活塞泵、密封环、滑动或推力轴承）会在磨合期频繁启动/停止，过载/超速运转，从而导致机磨损严重[1~4]。通过物理气象沉积制备硬质涂层可以显著提高机械部件的耐磨性能[5,6]。Hu 等人[7,8]指出通过在 CrN 涂层中添加碳元素可以改变其择优取向和相组成。Almer 等人[9]发现 CrCN 结构中的 C 降低了涂层的应力、硬度和附着力。Choi 等人[10]指出碳含量（原子分数）为 20% 的 CrCN 涂层比 CrN 涂层具有更高的硬度和残余应力。Warcholinski 等人[11]发现 CrCN 涂层的硬度较低，但耐磨性却比 CrN 高。当 CrCN 涂层中的碳含量（原子分数）达到 27% 时，摩擦系数和磨损率会随着 C 含量的增加而降低[7]。

然而，关于沉积偏压与 CrCN 涂层力学性能和海水环境摩擦学行为之间关系的报道还未发现。在涂层制备过程中，沉积偏压是一个重要的条件，因为溅射离子能量与之成正比[12,13]。另外，Kok 等人[14]表明沉积偏压对化学成分有很大影响，将直接影响硬质涂层的性能，其他报道得到了相似的结果[15~17]。在本章中，采用多弧离子镀技术制备了一系列 CrCN 涂层，介绍了不同沉积偏压对 CrCN 涂层的微观结构、物相组成、机械和摩擦学性能的影响，揭示了其作为机械零部件防护的潜在应用。

4.1 制备与表征

4.1.1 CrCN 涂层的制备

基体的前处理及涂层的制备过程与第 3 章相同。但沉积 CrCN 涂层的参数为：靶电流 60A，沉积气压 0.5Pa，C_2H_2/N_2 流量 40mL/min/400mL/min（标准状态下），时间 2h，沉积偏压为 -10V、-40V、-70V、-100V、-130V、-160V（负号表示方向，后同）。沉积在硅（100）晶圆上的涂层用于结构表征，沉积在 316L 不锈钢上的涂层用于力学性能测试和摩擦学性能测试。

4.1.2 不同沉积偏压下 CrCN 涂层的结构及力学性能表征

不同沉积偏压下 CrCN 涂层的结构及力学性能表征与第 3 章相同。

4.1.3 不同沉积偏压下 CrCN 涂层的摩擦学性能表征

不同沉积偏压下 CrCN 涂层的摩擦实验与第 3 章相同。

4.2 不同沉积偏压下 CrCN 涂层的微观结构

图 4-1 为涂层表面形貌。在较低的偏压范围内（-10～-100V），宏观粒子的数量随着沉积偏压的增加而减小。然而，当沉积偏压超过-100V 时，宏观粒子的数量是稳定的。如表 4-1 所示，随着沉积偏压从-10V 增加到-100V，CrCN 涂层的表面粗糙度从 101.7nm 减小到 63.9nm，而沉积偏压进一步增加导致涂层表面粗糙度增加。图 4-2 为 CrCN 涂层的截面形貌。当沉积偏压较低（-10V）时，涂层呈现出不连续的精细柱状结构特征。在偏压为-70V 时，柱状晶粒的宽度相对较宽，进一步增加偏压将降低柱状晶宽度并形成更均匀的细晶粒结构，这一效应

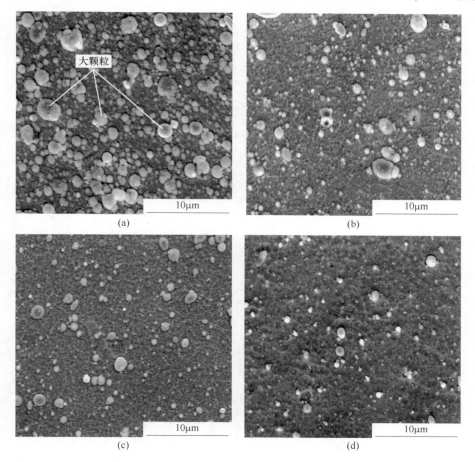

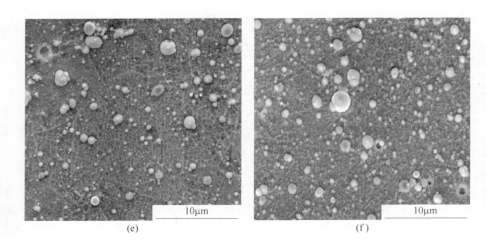

图 4-1 CrCN 涂层的表面形貌

(a) -10V；(b) -40V；(c) -70V；(d) -100V；(e) -130V；(f) -160V

也被其他学者观察到了[18]。结合表 4-1，在较低范围内，随着沉积偏压的增加，涂层的厚度也会增加。然而，当沉积偏压从 -70V 增加到 -160V 时，涂层的厚度将从 3.8μm 减小到 2.2μm。

表 4-1 CrCN 涂层的表面粗糙度及厚度

偏压/V	-10	-40	-70	-100	-130	-160
粗糙度/nm	101.7	93.5	74.6	63.9	67.7	98.9
厚度/μm	2.8	3.75	3.8	2.6	2.4	2.2

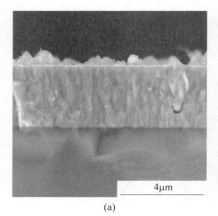

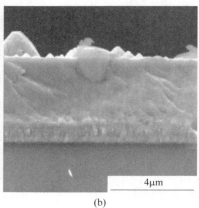

(a)　　　　　　　　　　(b)

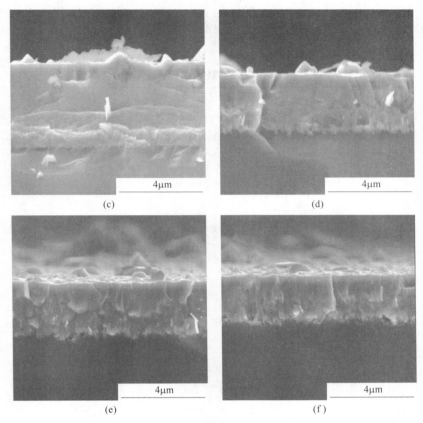

图 4-2 CrCN 涂层的截面形貌
(a) -10V；(b) -40V；(c) -70V；(d) -100V；(e) -130V；(f) -160V

根据先前的分析[9]，可以通过轰击离子能量的变化来解释涂层表面粗糙度和形貌的变化。沉积偏压与等离子体密度和离子能量成正比，这可以传递更高的能量来沉积涂层，进而形成致密的结构[18,19]。同时，增加沉积偏压也可能引起反溅射，这可能导致涂层化学成分发生变化。CrCN 涂层的化学成分列于表 4-2，结果发现，该涂层主要由 Cr、C、N 和 O 4 种元素组成。随着沉积偏压从-10V 增加到-160V，Cr 原子浓度（原子分数）整体上从 45.39% 增加至 46.91%，而 C 原子浓度则略有下降。这可能与高能离子轰击引起的反溅射有关。结合先前的研究，在涂层制备过程中，弱结合的碳原子和轻碳原子更容易被入射离子重新溅射[14]。

图 4-3 显示了 CrCN 涂层的 XRD 图谱。结果发现，在 CrCN 涂层中观察到 CrN 相的（111）、(200) 和（220）晶面，以及 Cr 相的（310）晶面。其中，Cr 相的（310）面可归因于表面的液滴大颗粒。随着沉积偏压的增加，(111) 和

（200）晶面强度降低，而（220）晶面强度增加。同时，这些相的类型是稳定的。另外，Cr_7C_3 的（151）和（551）晶面对应于 44°和 82°的衍射峰，表明 CrCN 涂层中 CrN 和 Cr_7C_3 相是共存的。

表 4-2　CrCN 涂层的化学成分（原子分数）

偏压/V	化学成分/%			
	Cr	C	N	O
-10	45.39	28.78	21.78	4.05
-40	45.75	28.41	21.42	4.41
-70	45.82	30.59	20.55	3.03
-100	45.79	30.6	20.39	3.23
-130	45.51	29.91	20.84	3.24
-160	46.91	27.44	21.23	4.42

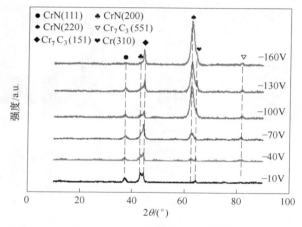

图 4-3　CrCN 涂层的 XRD 图谱

为了进一步分析 CrCN 涂层的键合结构变化，在 CrCN 涂层的 XPS 测试中分析了 C 1s 和 Cr 2p 精细谱。Díaz 等人[20]指出 XPS 中的拟合 C 1s 谱对分析 sp^3 和 sp^2 杂化碳的相对含量是非常有效的。图 4-4（a）为不同沉积偏压下制备的 CrCN 涂层的 C 1s 精细谱。通过分析发现，C 1s 光谱的特征峰主要位于 284eV 和 283eV 处，分别对应于 C—C 和 C—Cr。由于 CrCN 涂层之间无明显差异，故图 4-4(b) 中仅显示了在-100V 时沉积的 CrCN 涂层的拟合 C 1s 谱。从图 4-4 可知，C 1s 峰可以拟合为 4 个峰，分别位于 282.6eV、284.6eV、286eV 和 287.7eV，对应于 C—Cr、sp^2 C—C、sp^3 C—C 和 C=O [21~24]。表 4-3 中列出了每个键的体积分数。随着沉积偏压的增加，sp^2 键的含量呈现出递增的趋势，并在偏压为-100V 时达到最高，而 sp^3 键的含量则从 2.6%一直增加到 8.1%。众所周知，类石墨结构的 sp^2 键存在可以明显降低涂层的摩擦系数，而类金刚石结构的 sp^3 键与涂层的硬度密切相关。

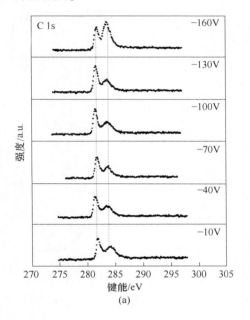
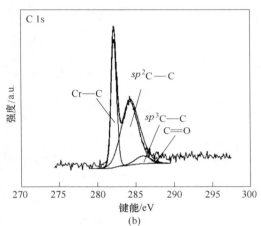

图 4-4　CrCN 涂层的 XPS-C 1s 图
（a）-10~-160V；（b）-100V

表 4-3　C 1s 谱中各化学键的含量

偏压/V	化学键的含量/%			
	Cr—C	sp^2C—C	sp^3C—C	Cr=O
-10	50.6	44.9	2.6	1.9
-40	48.2	46.7	2.5	2.6
-70	46.5	48.9	3.1	1.5
-100	42.9	49.8	5.7	1.6
-130	45.9	46.6	6.24	1.26
-160	43.7	45.4	8.1	2.8

图 4-5(a) 为 CrCN 涂层中的 Cr 2p 精细谱。Cr 2p 的主要成分位于 574eV 和 584eV 处。与 C 1s 精细谱相同，CrCN 涂层之间的 Cr 2p 精细谱无明显差异，因

此仅将沉积偏压为-100V时CrCN涂层的Cr 2p精细谱列于图4-5(b)。从图4-5可知,Cr 2p精细谱可以拟合为6个峰,分别位于574.2eV、575.7eV、578.5eV、583.6eV、585.4eV和586.4eV附近,对应于Cr_7C_3、CrN、Cr_2O_3、Cr_7C_3、Cr_2O_3和CrO_3[25~29]。由此可见,涂层中存在CrN、Cr_7C_3、Cr_2O_3和CrO_3相,这与XRD的分析结果一致。

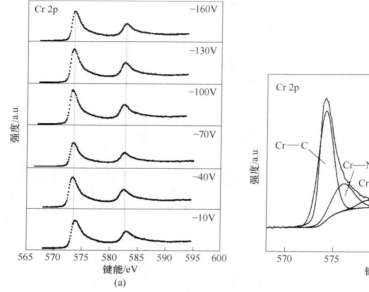

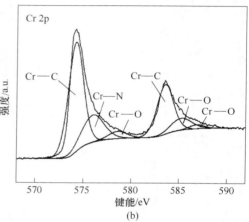

图4-5 CrCN涂层的XPS-Cr 2p图
(a) -10~-160V;(b) -100V

4.3 不同沉积偏压下CrCN涂层的力学性能

图4-6为涂层在316L不锈钢基体上的划痕形貌。由于沉积偏压不同,涂层的断裂行为存在明显差异。在较低的偏压范围(-10~-100V)内,结合力随着沉积偏压的增加而增加。当沉积偏压增加到-100V时,在划痕中几乎看不到分层。然而,在沉积偏压为-160V时涂层呈现出大面积的分层,这种行为可能与涂层致密度和内应力相关,而这两个因素均与沉积偏压密切相关。Sproul等人[30]指出,与在溅射沉积之前进行的氩离子辉光放电相比,用金属离子预处理基体对涂层产生良好结合力更加有效。在低偏压下制备的涂层致密度较低,必定会导致其较弱的结合力;而在高偏压下沉积的涂层可能因为内应力高而从基体剥落[7]。

硬度和弹性模量是影响材料耐磨性极为重要的性能参数。图4-7(a)和(b)为所有涂层的硬度和弹性模量。随着压入深度的增加,涂层硬度和模量先递增后

4.3 不同沉积偏压下 CrCN 涂层的力学性能

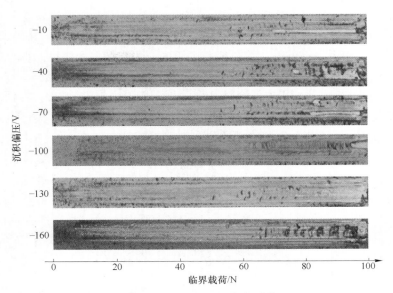

图 4-6 CrCN 涂层的划痕形貌

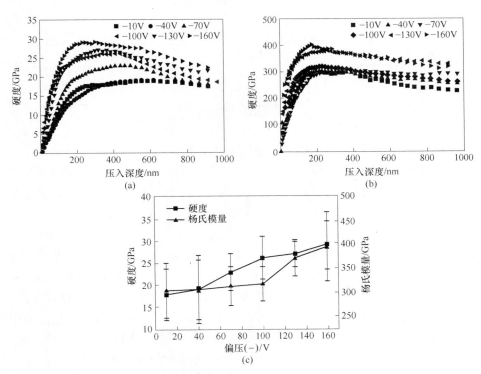

图 4-7 CrCN 涂层的硬度、弹性模量曲线及平均值
（a）硬度；（b）弹性模量；（c）平均值

趋于稳定，这一现象与先前的研究相一致[31]。图4-7(c)为涂层硬度和弹性模量与沉积偏压之间的关系。从图4-7可知，当偏压从-10V上升至-160V时，涂层硬度从16GPa上升至26GPa，这可能归因于内应力和结构致密度的综合作用。具体而言，随着沉积偏压的增加，在高沉积偏压下高能粒子轰击会增强，导致压缩内应力增加。同时，高速粒子迫使涂层中的原子形成致密结构。此外，在低沉积偏压时涂层表面有大量小颗粒，这些颗粒通常是金属铬滴，将导致涂层的硬度降低。

H/E或H^3/E^2比值分别与涂层的耐久性和抗塑性变形能力有关，这也与涂层的耐磨性密切相关[32,33]。它们在测量涂层局部动态载荷下的强度起着重要的作用。例如，具有高H/E或H^3/E^2的涂层能阻止其塑性变形和内部应力的快速降低，进而提高涂层韧性。增加涂层的硬度意味着增加其脆性，并且断裂所需的能量低于塑性材料。因此，较高的H/E或H^3/E^2值表示涂层对塑性变形的抵抗力强。如表4-4所示，在-100V时沉积的涂层呈现出最高的H/E或H^3/E^2值，分别为0.082和0.174GPa，这表明在-100V时沉积的CrCN涂层具有最大的潜在应用前景。

表4-4 CrCN涂层的H/E和H^3/E^2

偏压/V	-10	-40	-70	-100	-130	-160
H/E	0.059	0.061	0.073	0.082	0.073	0.072
(H^3/E^2)/GPa	0.058	0.073	0.123	0.174	0.142	0.155

4.4 不同沉积偏压下CrCN涂层的摩擦学性能

CrCN涂层在不同环境中的平均摩擦系数如图4-8所示。从图4-8可知，大气环境中的COF均高于去离子水和海水环境，这归因于摩擦界面的水分子阻隔了涂层与配副的直接接触[34]。去离子水中的COF一直高于海水环境，尤其是在低偏压下。这是由于在摩擦过程中，海水中的Ca^{2+}和Mg^{2+}会与CO_3^{2-}和OH^-反应，从而形成含有$CaCO_3$和$Mg(OH)_2$的易剪切摩擦层，起到良好的润滑作用[35,36]。同时，3种环境中的摩擦系数在较低范围(-10~-100V)随着沉积偏压的增加而减小。然而，在较高的沉积偏压(超过-100V)下它们是稳定的。这是由于在沉积偏压为-100V时制备的涂层比其他条件下的涂层具有更高的sp^2杂化碳含量。

CrCN涂层在不同环境中的磨损率也如图4-8所示。总体而言，水溶液中的磨损率始终低于大气环境，这归因于水的润滑及摩擦过程中的化学反应。但是，水也会加速微裂纹的扩展，导致较高的磨损率，特别是在海水环境中。海水是一种典型的腐蚀介质，在该介质中进行反复滑动能活化涂层并在滑动过程中引起阳极溶解，进而增加磨损。磨损增加会导致更多的缺陷并加速腐蚀速度，因此海水

4.4 不同沉积偏压下 CrCN 涂层的摩擦学性能

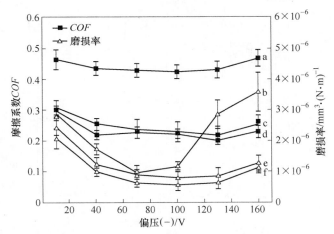

图 4-8 CrCN 涂层在大气、偏压去离子水及海水环境下的摩擦系数及磨损率
a, b—大气环境下; c, f—去离子水环境下; d, e—海水环境下

中的磨损率高于去离子水中。同时，在低沉积偏压范围内（-10~-100V），大气和水溶液中的磨损率逐渐降低，然后随着沉积偏压的进一步增加而略有增加。因此，CrCN 涂层在适中的沉积偏压下，特别是在水溶液中，表现出优异的耐磨性，这与上述的 H/E 或 H^3/E^2 分析是一致的。此外，表面粗糙度和结合力也与涂层的摩擦学性能密切相关。较高的粗糙度会降低配副与涂层之间的实际接触面积，从而导致载荷仅集中在接触面上，导致涂层表面上产生微裂纹[37]。低的结合力意味着涂层与基材之间的微弱结合，这表明在摩擦过程中容易形成碎裂和剥落。涂层碎屑是指在不暴露基材的情况下从涂层外部的磨痕边缘脱落。涂层剥落是指在基材暴露的情况下，从涂层外侧的磨痕边缘中掉落，这很容易形成水分子的贯穿性通道，进而加剧腐蚀[38]。

图 4-9 为涂层在海水环境中摩擦过后的磨痕轮廓。从图 4-9 可知，在沉积偏压为-10V 时，磨痕底部粗糙，并且磨痕的最大深度约为 1μm，这是所有涂层中的最大值，可能是摩擦和腐蚀的共同作用造成的。随着沉积偏压的增加，磨痕的底部变平，磨痕的最大深度呈现出下降趋势。当沉积偏压为-70V 时，磨痕的最大深度达到最低值，约为 0.45μm。但是，当沉积偏压进一步增加时，磨痕的最大深度呈现出上升的趋势。

为了进一步分析涂层的磨损机理，涂层在海水环境中摩擦后的形貌如图 4-10 所示。从图 4-10 可知，涂层表现出轻微的磨损。在反复的滑动作用下，涂层粗糙表面上的大颗粒会发生变形。因此，塑性变形将会导致磨损。图 4-10(a) 为沉积偏压最低时涂层的磨痕形貌。通过观察发现，磨痕的内部发现大量的片状凹坑，这是在滑动过程中涂层中的微裂纹扩散所致。同时，微裂纹将在循环应力和

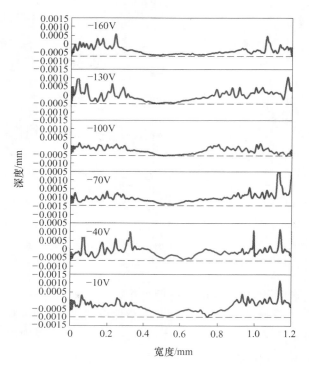

图 4-9 CrCN 涂层在海水环境中摩擦过后的磨痕横截面轮廓

水分子侵蚀的共同作用下生长。一旦贯穿性的微裂纹形成,这将为腐蚀性介质提供渗透通道。最后,在剪切力的作用下,摩擦导致涂层分层并产生大片凹坑[39]。当偏压为-40V 时,在磨痕表面仍然观察到了大量片状凹坑。当偏压为-70V、-130V、-160V 时,在磨痕表面观察到了严重的磨损坑,这是海水的腐蚀作用加速了涂层的剥离[39]。然而,当沉积偏压为-100V 时,磨痕表面未发现明显的剥落坑和磨损坑,表现出优异的摩擦学性能。

由于磨痕表面的 EDS 图谱显示出相似的特征,因此图 4-11 仅展示了偏压为-100V 时涂层表面的结果。结果表明,磨痕表面主要包含 Cr、C、N 和 O 元素,说明在滑动过程中发生了氧化反应。同时还观察到了 Ca、Cl 和 Mg 元素,表明在滑动过程中元素从海水中转移到了涂层表面。另外,低摩擦可归因于石墨化效应或滑动过程中摩擦配副接触面上形成的摩擦层[7]。摩擦层的石墨特性由拉曼光谱确定,结果如图 4-12 所示。在大气和水环境下,在光谱中可以观察到以 1580cm^{-1} 为中心的特征峰,这表明在摩擦配副的接触表面上存在 sp^2-杂化碳,从而降低了滑动过程中的摩擦剪切阻力[13]。同时,石墨碳的摩擦学性能在很大程度上取决于测试气氛的相对湿度百分比(%RH)。湿度越高,摩擦系数和磨损损失越低[40]。与大气条件相比,水环境是高湿度测试环境,尽管在图 4-12 中观察

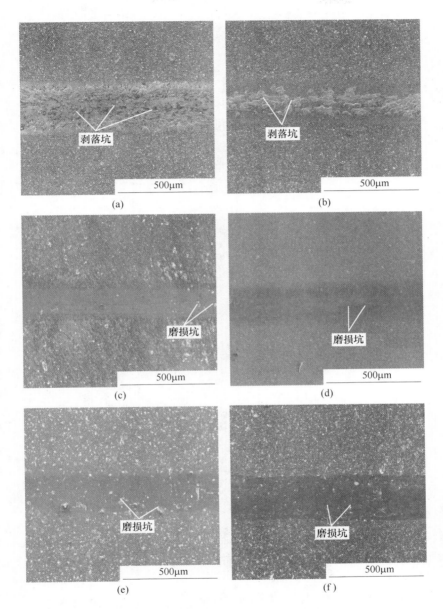

图 4-10 CrCN 涂层在海水环境中摩擦过后的磨痕形貌
(a) −10V；(b) −40V；(c) −70V；(d) −100V；(e) −130V；(f) −160V

到较少的石墨润滑转移膜。如上所述，CrCN 涂层的磨损行为似乎与粗糙度、结合力、硬度和平面（2D）石墨状结构相关。同时，在偏压为 −100V 时涂层呈现出最优异的性能，表明其作为海水中机械摩擦部件防护涂层的潜在用途。

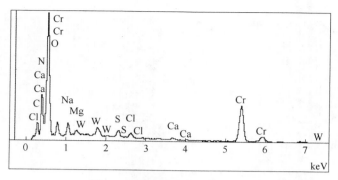

图 4-11 磨痕表面的 EDS 图谱

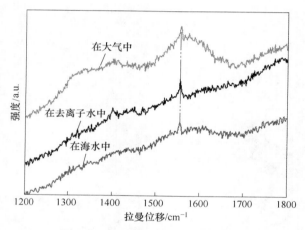

图 4-12 摩擦配副表面的拉曼光谱

参 考 文 献

[1] Wang J, Yan F, Xue Q. Friction and wear behavior of ultra-high molecular weight polyethylene sliding against GCr15 steel and electroless Ni—P alloy coating under the lubrication of seawater [J]. Tribology Letters, 2009, 35(2): 85~95.

[2] Gahr K H Z, Mathieu M, Brylka B. Friction control by surface engineering of ceramic sliding pairs in water [J]. Wear, 2007, 263(7): 920~929.

[3] Zhou F, Yuan Y, Wang X, et al. Influence of nitrogen ion implantation influences on surface structure and tribological properties of SiC ceramics in water-lubrication [J]. Applied Surface Science, 2009, 255(9): 5079~5087.

[4] Andersson S, Söderberg A, Björklund S. Friction models for sliding dry, boundary and mixed lubricated contacts [J]. Tribology International, 2007, 40(4): 580~587.

[5] Warcholinski B, Gilewicz A. Effect of substrate bias voltage on the properties of CrCN and CrN coatings deposited by cathodic arc evaporation [J]. Vacuum, 2013, 90: 145~150.

[6] Sartwell, Bruce D, McGuire, et al. Papers presented at the 19th International Conference on Metallurgical Coatings and Thin Films [J]. San Diego, CA, USA, April 6-10, 1992: 241~248.

[7] Hu P, Jiang B. Study on tribological property of CrCN coating based on magnetron sputtering plating technique [J]. Vacuum, 2011, 85(11): 994~998.

[8] Polcar T, Cvrček L, Široký P, et al. Tribological characteristics of CrCN coatings at elevated temperature [J]. Vacuum, 2005, 80(1): 113~116.

[9] Almer J, Odén M, HaKansson G. Microstructure, stress and mechanical properties of arc-evaporated Cr—C—N coatings [J]. Thin Solid Films, 2001, 385(1-2): 190~197.

[10] Choi E Y, Kang M C, Kwon D H, et al. Comparative studies on microstructure and mechanical properties of CrN, Cr—C—N and Cr—Mo—N coatings [J]. Journal of Materials Processing Technology, 2007, 187: 566~570.

[11] Warcholinski B, Gilewicz A, Kuklinski Z, et al. Arc-evaporated CrN, CrN and CrCN coatings [J]. Vacuum 2008, 83: 715~718.

[12] Catherine Y. Diamond and diamond like films and coatings, Plenum Press, New York, 1999: 193.

[13] Wang Y, Wang L, Zhang G, et al. Effect of bias voltage on microstructure and properties of Ti-doped graphite-like carbon films synthesized by magnetron sputtering [J]. Surface and Coatings Technology, 2010, 205(3): 793~800.

[14] Kok Y, Hovsepian P, Luo Q, et al. Influence of the bias voltage on the structure and the tribological performance of nanoscale multilayer C/Cr PVD coatings [J]. Thin Solid Films, 2005, 475(1-2): 219~226.

[15] Dai W, Ke P, Wang A. Influence of bias voltage on microstructure and properties of Al-containing diamond-like carbon films deposited by a hybrid ion beam system [J]. Surface and Coatings Technology, 2013, 229: 217~221.

[16] Shaha K, Pei Y, Martinez-Martinez D, et al. Effect of process parameters on mechanical and tribological performance of pulsed-DC sputtered TiC/a-C: H nanocomposite films [J]. Surface and Coatings Technology, 2010, 205: 2633~2642.

[17] Oliver W C, Pharr G M J. An improved technique for determining hardness and elastic modulus using load and displacement sensing indentation [J]. Journal of Material Research, 1992, 7: 1564~1583.

[18] Lin J, Sproul W D, Moore J J, et al. Effect of negative substrate bias voltage on the structure and properties of CrN films deposited by modulated pulsed power (MPP) magnetron sputtering [J]. Journal of Physics D Applied Physics, 2011, 44(42): 425305~425315.

[19] Tlili B, Mustapha N, Nouveau C, et al. Correlation between thermal properties and aluminum fractions in CrAlN layers deposited by PVD technique [J]. Vacuum 2010, 84: 1067~1074.

[20] Díaz, J, Paolicelli G, Ferrer S, et al. Separation of the sp^3 and sp^2 components in the C 1s pho-

toemission spectra of amorphous carbon films [J]. Physical Review B Condensed Matter, 1996, 54(11): 8064.

[21] Goretzki H, Rosenstiel P V, Mandziej S. Small area MXPS-and TEM-measurements on temper-embrittled 12% Cr steel [J]. Fresenius' Zeitschrift für analytische Chemie, 1989, 333(4): 451, 452.

[22] Dai W, Ke P, Wang A. Microstructure and property evolution of Cr-DLC films with different Cr content deposited by a hybrid beam technique [J]. Vacuum, 2011, 85(8): 792~797.

[23] Zhou F, Adachi K, Kato K. Friction and wear property of a-CN_x coatings sliding against ceramic and steel balls in water [J]. Diamond & Related Materials, 2005, 14(10): 1711~1720.

[24] Bismarck A, Tahhan R, Springer J, et al. Influence of fluorination on the properties of carbon fibres [J]. Journal of Fluorine Chemistry, 1997, 84(2): 127~134.

[25] Healy M D, Smith D C, Rubiano R R, et al. Use of tetraneopentylchromium as a precursor for the organometallic chemical vapor deposition of chromium carbide: a reinvestigation [J]. Chemistry of materials, 1994, 6(4): 448~453.

[26] Marcus P, Bussell M E. XPS study of the passive films formed on nitrogen-implanted austenitic stainless steels [J]. Applied Surface Science, 1992, 59(1): 7~21.

[27] Halada G. Photoreduction of hexavalent chromium during X-ray photoelectron spectroscopy analysis of electrochemical and thermal films [J]. Journal of the Electrochemical Society, 1991, 138(10): 2921~2927.

[28] Agostinelli E, Battistoni C, Fiorani D, et al. An XPS study of the electronic structure of the $Zn_xCd_{1-x}Cr_2$(X=S, Se) spinel system [J]. Journal of Physics and Chemistry of Solids, 1989, 50(3): 269~272.

[29] Tandon R K, Payling R, Chenhall B E, et al. Application of X-ray photoelectron spectroscopy to the analysis of stainless-steel welding aerosols [J]. Applications of Surface Science, 1985, 20(4): 527~537.

[30] Sproul W D, Rudnik P J, Legg K O, et al. Reactive sputtering in the ABSTM system [J]. Surface and Coatings Technology, 1993, 56(2): 179~182.

[31] Valleti K, Rejin C, Joshi S V. Factors influencing properties of CrN thin films grown by cylindrical cathodic arc physical vapor deposition on HSS substrates [J]. Materials Science and Engineering: A, 2012, 545: 155~161.

[32] Sakharova N A, Fernandes J V, Oliveira M C, et al. Influence of ductile interlayers on mechanical behaviour of hard coatings under depth-sensing indentation: a numerical study on TiAlN [J]. Journal of Materials Science, 2010, 45(14): 3812~3823.

[33] Oberle T L. Wear of Metals [J]. JOM, 1951, 3(6): 438, 439.

[34] Rodrıguez R J, Garcıa J A, Medrano A, et al. Tribological behaviour of hard coatings deposited by arc-evaporation PVD [J]. Vacuum, 2002, 67(3-4): 559~566.

[35] Chen B, Wang J, Yan F. Friction and wear behaviors of several polymers sliding against GCr15 and 316 steel under the lubrication of sea water [J]. Tribology Letters, 2011, 42(1): 17~25.

[36] Wang J, Yan F, Xue Q. Friction and wear behavior of ultra-high molecular weight polyethylene sliding against GCr15 steel and electroless Ni—P alloy coating under the lubrication of seawater [J]. Tribology Letters, 2009, 35(2): 85~95.

[37] Al-Samarai R A, Haftirman, Ahmad K R, et al. The influence of roughness on the wear and friction coefficient under dry and lubricated sliding [J]. International Journal of Scientific & Engineering Research, 2012, 3(4): 1~6.

[38] Essen P V, Hoy R, Kamminga J D, et al. Scratch resistance and wear of CrN_x coatings [J]. Surface & Coatings Technology, 2006, 200(11): 3496~3502.

[39] Wang J, Chen J, Chen B, et al. Wear behaviors and wear mechanisms of several alloys under simulated deep-sea environment covering seawater hydrostatic pressure [J]. Tribology international, 2012, 56: 38~46.

[40] Field S K, Jarratt M, Teer D G. Tribological properties of graphite-like and diamond-like carbon coatings [J]. Tribology International, 2004, 37(11-12): 949~956.

5 碳含量对 CrCN 涂层结构及海水环境摩擦学性能的影响

随着"一带一路"倡议路线的建立,越来越多的人开始关注材料在海洋环境中的应用性能,并开发了适合海洋环境的新材料[1~8]。海水化学成分主要是由 Na^+、Mg^{2+}、Ca^{2+}、K^+、Sr^{2+}、Cl^-、SO_4^{2-}、HCO_3^-、Br^-、F^- 等离子组成的氯化物、溴化物、硫酸盐、碳酸盐等,是一个复杂电解质体系,这对机械部件表面防护和润滑提出了新的要求[9~15]。前面的章节已经证明了 CrCN 涂层在海水环境中具有优异的耐磨性能,且第 4 章重点介绍了沉积偏压对涂层海水环境下摩擦学性能的影响。然而,碳含量也是影响 CrCN 涂层结构及性能的重要参数。例如 Almer 等人[16]发现 CrCN 涂层中的碳含量与涂层的应力、硬度和临界载荷密切相关。Choi 等人[17]指出含 20%C(原子分数)的 CrCN 涂层比 CrN 涂层具有更高的硬度和残余应力。Cekada 等人[18]发现基体与 CrCN 涂层之间的结合力低于 CrN 和 CrC 涂层。此外,CrCN 涂层的摩擦系数和磨损率与碳含量密切相关[19]。Tong 等人[20]指出,当碳含量(原子分数)低于 5%时,含有 1.5%C 的 CrCN 涂层表现出最低的摩擦系数。Hu 等人[21]发现当 CrCN 涂层中的碳含量(原子分数)为 27%时,涂层的摩擦系数及磨损率均下降。

然而,关于碳含量对 CrCN 涂层海水环境下的摩擦学性能的研究较少。本章通过调节 C_2H_2 流量,采用多弧离子镀技术在 316L 不锈钢和硅(100)晶片上沉积了不同碳含量的 CrCN 涂层,然后对其进行成分、微观结构、力学性能和摩擦学性能的表征,系统介绍了碳含量对 CrCN 涂层在海水中的摩擦和磨损性能的影响。

5.1 制备与表征

5.1.1 CrCN 涂层的制备

基体的前处理及涂层的制备过程与第 2 章相同。但沉积 CrCN 涂层的参数为:靶电流 60A,沉积气压 0.5Pa,N_2 流量 400mL/min,时间 2h,沉积偏压 -100V。为了便于描述,当 C_2H_2 流量为 0mL/min、5mL/min、10mL/min、15mL/min、20mL/min 和 30mL/min 时,涂层命名为 C_2H_2-0、C_2H_2-5、C_2H_2-10、C_2H_2-15、

C_2H_2-20 和 C_2H_2-30。

5.1.2　CrCN 涂层的结构及力学性能表征

CrCN 涂层的结构及力学性能表征与第 3 章相同。

5.1.3　CrCN 涂层的电化学及摩擦学性能表征

CrCN 涂层的电化学及摩擦学表征与第 3 章相同。

5.2　不同碳含量下 CrCN 涂层的微观结构

表 5-1 为 CrCN 涂层的化学成分。从表 5-1 可知，随着 C_2H_2 流量从 0mL/min 上升至 30mL/min，涂层中的碳含量（原子分数，后同）从 0 增加到 21.32%，而 Cr 和 N 的含量分别从 46.51% 和 53.25% 降低到了 33.17% 和 28.07%，这表明 C_2H_2 流量对涂层的化学成分影响很大。同时，涂层中也存在部分氧元素，且含量相对稳定，维持在 2.74%~4.44%，这主要来源于真空系统中的残余气体及涂层表面发生的氧化反应。

表 5-1　CrCN 涂层中化学成分、厚度及表面粗糙度

涂层	化学成分（原子分数）/%				厚度 /μm	粗糙度 /nm
	Cr	C	N	O		
C_2H_2-0	46.51	0	53.25	2.74	3.98	74.29
C_2H_2-5	42.32	5.72	49.55	2.41	3.35	71.18
C_2H_2-10	41.43	12.84	43.06	2.68	3.34	65.52
C_2H_2-15	38.07	16.83	42.65	2.45	3.02	66.46
C_2H_2-20	35.88	18.72	42.01	3.39	3.13	67.17
C_2H_2-30	33.17	21.32	41.07	4.44	3.45	67.12

图 5-1 为涂层的截面 SEM 图。当 C_2H_2 流量为 0mL/min 时，涂层呈现出典型的柱状结构。当 C_2H_2 流量增加到 30mL/min 时，涂层则显示出致密的结构，这种结构变化与涂层的相结构有关。表 5-1 中也列出了涂层的表面粗糙度和厚度。据文献报道，表面粗糙度随碳含量的增加而降低[21]。然而，一些宏观粒子和针孔等缺陷将在涂层表面形成，这将影响涂层表面的粗糙度[23]。同时，随着 C_2H_2 流量从 0mL/min 增加到 15mL/min，涂层厚度从 3.98μm 减小到 3.02μm；然而，当 C_2H_2 流量增加到较高水平时，涂层厚度较为稳定。

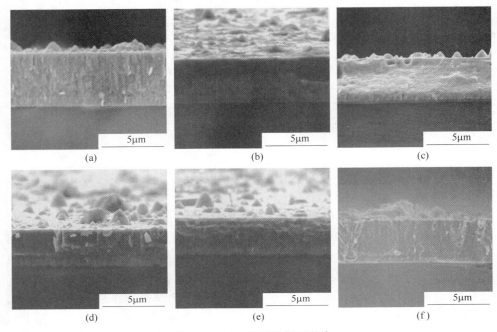

图 5-1 CrCN 涂层的截面形貌

(a) C_2H_2-0mL/min; (b) C_2H_2-5mL/min; (c) C_2H_2-10mL/min;
(d) C_2H_2-15mL/min; (e) C_2H_2-20mL/min; (f) C_2H_2-30mL/min

为了分析涂层的相结构,图 5-2 为涂层的 XRD 光谱。通过标注发现,图谱中产生了 CrN(111)、CrN(200)、Cr_7C_3(151)、CrN(220)、Cr_2N(113) 和 Cr_2N(302) 衍射峰。随着 C_2H_2 流量的增加,CrN(111) 和 CrN(200) 衍射峰逐渐变弱。然而,Cr_7C_3(151) 和 CrN(220) 衍射峰随着 C_2H_2 流量的增加呈现出先递增后稳定的变化趋势。同时,这些相的种类是稳定的,这是碳单质、碳化铬和氮化铬的晶体结构不同所致。另外,碳原子可以代替氮化铬晶体结构中的氮原子形成碳化铬,该晶体不同于氮化铬。因此,碳元素干扰了氮化铬的正常晶体排列,涂层会从晶态向非晶态转变[21,24]。

为了进一步分析涂层的键合结构变化,选用 C_2H_2 流量为 15mL/min 时制备的 CrCN 涂层作为研究对象。通过高斯拟合分析,C 1s、Cr 2p 和 N 1s 的精细光谱如图 5-3 所示。XPS-Cr 2p 精细谱可以拟合为 6 个峰,分别位于 574.2eV、575.7eV、576.3eV、583.6eV、585.4eV 和 586.4eV,对应于 Cr_7C_3、CrN、Cr_2N、Cr_7C_3、Cr_2O_3 和 Cr_2O_3[25~29]。如图 5-3(b)所示,XPS-C 1s 谱中分别在 282.8eV、284.6eV、286eV 和 288.1eV 位置出现 C—Cr、sp^2C—C、sp^3C—C 和 C═O[30~33]。通过体积比计算化学键的含量,结果见表 5-2。一般而言,涂层硬度与 sp^3 键的含

5.2　不同碳含量下 CrCN 涂层的微观结构

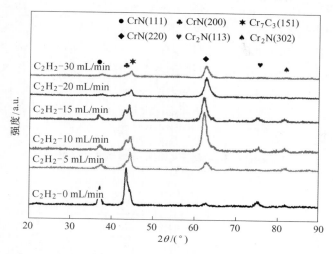

图 5-2　不同 C_2H_2 流量下 CrCN 涂层的 XRD 图谱

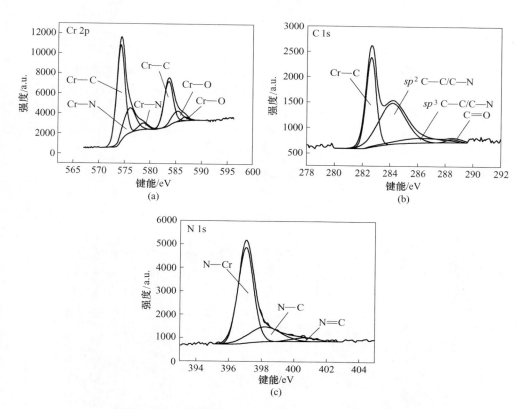

图 5-3　CrCN 涂层中 Cr 2p、C 1s 和 N 1s 的精细拟合谱

(a) Cr 2p；(b) C 1s；(c) N 1s

量密切相关。换句话说，sp^3 含量越高，涂层硬度越大。涂层摩擦系数则与 sp^2 含量密切相关，即较高的 sp^2 含量对应于较低的摩擦系数。因此，在这些涂层中，当乙炔流量为 10mL/min 时涂层可能具有最高的硬度和最低的摩擦系数。如图 5-3(c) 所示，XPS-N 1s 精细谱可以拟合为 3 个峰，分别位于 397.8eV、399.3eV 和 400.5eV 位置，对应于 Cr—N、N—C、N=C[34~36]。这表明掺入碳原子后 CrCN 涂层中形成了无定形 CN_x 相。综上所述，CrCN 涂层中存在 CrN、Cr_2N、Cr_7C_3 和 Cr_2O_3 相，这与 XRD 分析相一致。

表 5-2　不同 C_2H_2 流量下 CrCN 涂层中各化学键的含量

涂层	化学键含量/%			
	Cr—C	sp^2C—C/C—N	sp^3C—C/C—N	C=O
C_2H_2-5	41.62	44.94	6.5	6.94
C_2H_2-10	40.22	47.65	9.49	2.64
C_2H_2-15	41.91	46.63	8.21	3.25
C_2H_2-20	41.02	46.51	8.39	6.08
C_2H_2-30	42.48	43.98	5.42	8.12

不同 C_2H_2 流量下涂层的 TEM 结果如图 5-4 所示。当 C_2H_2 流量为 0mL/min 时，在选区电子衍射 (SAED) 模式中观察到离散的 (111)、(200)、(220) 和 (113) 晶面衍射点。结合 XRD 和 SAED 结果可以发现，CrN 涂层由具有立方晶系的 CrN 相和三方晶系的 Cr_2N 相组成。如图 5-4(b) 所示，当 C_2H_2 流量增加到 10mL/min 时，在选区电子衍射模式中观察到离散的 (151) 晶面衍射点，这与 XRD 分析相对应。同时，在涂层中观察到纳米晶及非晶区域，这表明 CrCN 涂层呈现出典型的非晶包覆纳米晶结构。另外，在图 5-4(c) 和 (d) 中也观察到了类似的结果。图 5-4 (c) 中还发现了由 CrN (200) 晶面组成的孪晶结构，这将阻

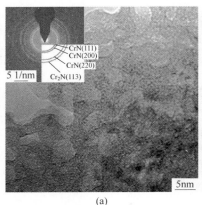

(a)

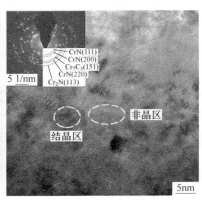

(b)

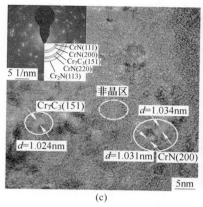
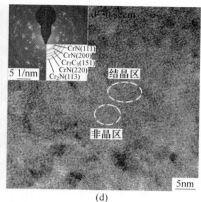

图 5-4 不同 C_2H_2 流量下 CrCN 涂层的 TEM 图
(a) C_2H_2-0；(b) C_2H_2-10；(c) C_2H_2-20；(d) C_2H_2-30

碍位错运动并提高涂层的韧性[37]。值得一提的是，晶粒尺寸是影响涂层性能的关键因素[20]。随着 C_2H_2 流量从 0mL/min 增加到 10mL/min，晶粒尺寸呈现出下降的趋势，当 C_2H_2 流量增加至较高水平时晶粒尺寸则表现出相反的规律。

5.3 不同碳含量下 CrCN 涂层的力学性能

图 5-5 为在不同 C_2H_2 流量下涂层的临界载荷（$Lc1$ 和 $Lc2$）。$Lc1$ 对应于涂层首次产生裂纹之处。$Lc2$ 对应于涂层剥落超过 50% 之处。就 $Lc1$ 而言，随着 C_2H_2 流量增加，该值在 15mL/min 时增加到 36N，然后在 30mL/min 时减小到 28N。$Lc1$ 是由声音信号获得的，该声音信号是由涂层表面破裂的微粒引起的。由 Cr 组成的微粒比 CrN 和 Cr_7C_3 更容易破碎，这可能是由于 Cr 微粒的硬度较低。同时，由于圆锥形金刚石尖端挤压出的销孔，在滑动过程中裂纹的扩展会形成一些声信号。对于 $Lc2$，随着 C_2H_2 流量增加，该值在 10mL/min 时增加到 86N，然后在 30mL/min 时降低到 63N。这是由于碳的掺杂导致涂层结构细化，压应力增加和临界载荷降低[38]。另一方面，划痕结果受基材和涂层硬度、表面粗糙度、涂层与压头之间的摩擦系数、基材的弹性及涂层厚度的影响[4,39]。基材的硬度、压头和基材的弹性性能是恒定的，表面粗糙度和涂层厚度列于表 5-1，因此随后评价了涂层硬度和摩擦系数。

涂层的力学性能参数如图 5-6 所示。随着 C_2H_2 流量的变化，涂层的硬度、H/E 和 H^3/E^2 呈现出相似变化的趋势。比如，涂层硬度首先在 10mL/min 时增加到 32GPa，而在 30mL/min 时降低到 22GPa。同时，弹性模量、H/E 和 H^3/E^2 在

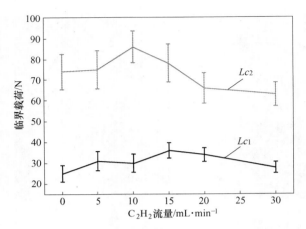

图 5-5　不同 C_2H_2 流量下 CrCN 涂层的临界载荷

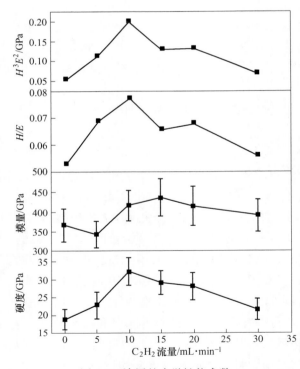

图 5-6　涂层的力学性能参数

10mL/min 处达到最大值。显然，CrCN 涂层的硬度高于 CrN 涂层，这是 CrCN 涂层中高含量的 Cr—C 和 sp^3 键所致。Wang 等人[40]指出涂层的硬度与 sp^3 含量紧密相关，即 sp^3 含量越高，硬度越高。Tong 等人[20]发现硬度与碳含量成正相关主要归因于碳原子的固溶强化作用。同时，Lim 等人[41] 及 Jung 等人[42] 发现硬度随着晶粒尺寸的减小而增加。因此，当 C_2H_2 流量增加到 10mL/min 时，涂层的硬度最高。众所周知，H/E 和 H^3/E^2 之比分别与涂层的耐久性和抗塑性变形性有关，它们均与涂层的耐磨性密切相关[43]。如图 5-6 所示，当 C_2H_2 流量为 10mL/min 时，CrCN 涂层具有最高的 H/E 和 H^3/E^2 值，此时具有最优异的机械和摩擦学性能。

5.4　不同碳含量下 CrCN 涂层的耐蚀性能

为了评估涂层在往复滑动过程中的阳极溶解性，在海水中研究了涂层的极化行为。如图 5-7 和表 5-3 所示，CrN 涂层的腐蚀电流密度值（i_{corr}）最高。随着 C_2H_2 流量的增加，腐蚀电流密度值呈现出下降趋势。当 C_2H_2 流量至 10~15mL/min 时，腐蚀电流密度值达到最低值，约为 $7.27\times10^{-7}A/cm^2$。这可能归因于其较小的晶粒尺寸、致密的结构和涂层的缺陷，这与 TEM、SEM 和粗糙度的结果相一致。Qin 和 Aung 等人[44,45] 指出腐蚀速率随着晶粒尺寸的增加而显著增加。这是由于较小的晶粒尺寸具有较高的钝化膜成核位点密度，这将促进钝化膜的形成，从而降低腐蚀电流密度；致密的结构可以有效防止海水渗透到涂层中，增强涂层的耐腐蚀性；涂层缺陷则有利于腐蚀介质的渗透，将加速腐蚀速度[46]。在所制备的涂层内部未检测到明显的缺陷，针孔、微裂纹等将在循环应力下随着腐蚀介质的侵蚀而恶化，从而导致这些薄弱点周围出现分层或剥落。随着 C_2H_2 流量的进一步增加，腐蚀电流密度呈现出上升的趋势，当流量达到 30mL/min 时，腐蚀

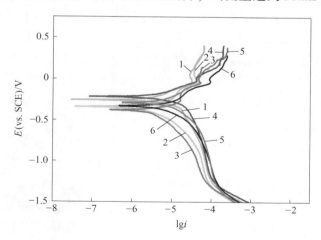

图 5-7　CrCN 涂层在海水环境下的极化曲线

1—C_2H_2-10mL/min；2—C_2H_2-20mL/min；3—C_2H_2-30mL/min；
4—C_2H_2-15mL/min；5—C_2H_2-5mL/min；6—C_2H_2-0mL/min

电流密度约为 $8.31\times10^{-7}\text{A}/\text{cm}^2$。另外，当腐蚀电位从-0.2V 增加到 0.2V 时，曲线中观察到钝化现象，这表明涂层的表面形成了钝化层，可以避免基材短时间暴露于周围环境。因此，CrCN 涂层表现出良好的耐腐蚀性。

表 5-3 涂层的腐蚀电流密度

C_2H_2 流量/mL·min^{-1}	0	5	10	15	20	30
$i_{corr}/\text{A}\cdot\text{cm}^{-2}$	9.86×10^{-7}	9.78×10^{-7}	7.32×10^{-7}	7.27×10^{-7}	7.65×10^{-7}	8.31×10^{-7}

5.5 不同碳含量下 CrCN 涂层的摩擦学性能

图 5-8(a)为涂层在海水环境下的摩擦行为。从图 5-8 可知，CrN 涂层在海水中的摩擦曲线具有以下特征：首先迅速增加，然后在 300s 后达到相对稳定的磨损阶段。而对于 CrCN 涂层而言，摩擦曲线具有相似的特征：第一部分迅速增加，第二部分在 150s 后明显降低，而后下降到相对稳定的磨损阶段。磨合期后的降低现象主要归因于水介质在一定程度上提供了流体润滑[47,48]。同时，Ca^{2+} 和 Mg^{2+} 将以 $Mg(OH)_2$ 和 $CaCO_3$ 的形式沉积在接触面，这也起到了一定的润滑作用[49]。因为具有"烂泥状"结构的 $Mg(OH)_2$ 和 $CaCO_3$ 在循环滑动过程中可以降低剪切应力[50]。

图 5-8(b)为涂层的平均摩擦系数和磨损率。就平均摩擦系数而言，当 C_2H_2 流量为 0 时，涂层的平均摩擦系数约为 0.31，在所有涂层中最高。CrN 涂层最高的摩擦系数可归因于 3 个原因。首先，CrN 涂层中的 Cr 相比 WC 配副软，在滑动过程中容易剥落。同时，CrN 涂层的疏松柱状结构是另一个原因。柱状结构易于形成贯穿性的通道，从而加速了滑动过程中裂纹的产生和传播，导致较高的摩擦系数[51]。最后，掺入 CrN 涂层的 C 可以形成润滑相，这将显著降低 CrCN 涂层的摩擦系数。随着 C_2H_2 流量的增加，摩擦系数略有下降，并在 10mL/min 处达到最低值，然后呈现出上升趋势。这些现象与涂层的表面粗糙度密切相关。较高的粗糙度会减小配副与涂层之间的实际接触面积，从而导致载荷仅集中在较小的接触面上，增加涂层的摩擦系数[52]。就磨损率而言，海水中 CrCN 涂层的磨损率低于 CrN 涂层，这可以归因于 CrCN 涂层中存在的 sp^2-杂化碳。由于 sp^2-杂化碳的类石墨结构可以在接触面形成转移膜并降低循环摩擦过程中的摩擦剪切阻力，可显著降低磨损。随着 C_2H_2 流量的增加，磨损率呈现出下降的趋势，当流量为 10mL/min，磨损率达最低值，约为 7.686×10^{-7} mm^3/(N·m)。这是由于此时涂层中 sp^2-杂化碳的含量高且涂层的韧性良好。当 C_2H_2 流量进一步增加时，磨损率反而递增，在流量为 30mL/min 时达到最高值，约为 1.952×10^{-6} mm^3/(N·m)。Shan 等

5.5 不同碳含量下 CrCN 涂层的摩擦学性能

人[46]提出水对磨损率的影响并不明确，它可以通过加速裂纹和微裂纹扩展来加剧磨损损失，或者通过由摩擦化学反应形成的极其光滑的润滑剂来减少磨损损失。海水是典型的摩擦腐蚀环境，其中腐蚀和磨损会通过机械和化学过程使材料剥落，然后加剧磨损率[53]。同时，磨损率还与涂层和基材之间的结合力有关。低的结合力意味着涂层与基材之间的微弱结合，这表明在摩擦过程中容易形成碎裂和剥落，导致严重的磨损。

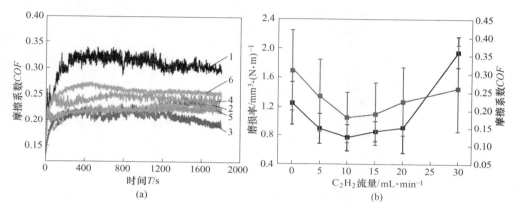

图 5-8 CrCN 涂层在海水中的 COF 曲线、平均 COF 及磨损率
（a）COF 曲线；（b）平均 COF 及磨损率
1—C_2H_2-0mL/min；2—C_2H_2-5mL/min；3—C_2H_2-10mL/min；
4—C_2H_2-15mL/min；5—C_2H_2-20mL/min；6—C_2H_2-30mL/min

图 5-9 为涂层上的磨痕截面轮廓形貌。在 C_2H_2 流量为 0 时，涂层的磨痕深度约为 0.6μm，在所有涂层中，这是一个相对较高的值。随着 C_2H_2 流量的增加，涂层的磨痕深度呈现出下降的趋势，当流量为 15mL/min 时，磨痕深度达最低值，约为 0.3μm。然而，当 C_2H_2 流量进一步增加时，磨痕深度呈现出上升的趋势，在流量为 30mL/min 时磨痕深度约为 1μm。通过对比发现，当流量为 30mL/min 时，涂层的磨痕深度最高，这可能是海水中的腐蚀和摩擦腐蚀反应共同引起的。然而，在这些涂层中，CrN 涂层的磨痕深度是相对较高的，这归因于涂层的低硬度和柱状结构。柱状结构为腐蚀性介质提供了直接的扩散通道，这可能会削弱化合物的结合并加速磨损[54]。结合涂层厚度发现，所有涂层在摩擦过程中都不会完全失效，这意味着摩擦配副和基材在滑动过程中不会直接接触。

为了进一步分析磨损机理，涂层在海水中磨损过后的形貌如图 5-10 所示。在循环滑动过程中，涂层表面的一些微粒严重变形后会划伤表面。因此，涂层塑性变形会对涂层造成一定的磨损。如图 5-10(a) 所示，磨痕表面发现了一些磨损坑，这是反复滑动过程中微颗粒从涂层表面剥落后形成的。同时，海水会加速腐

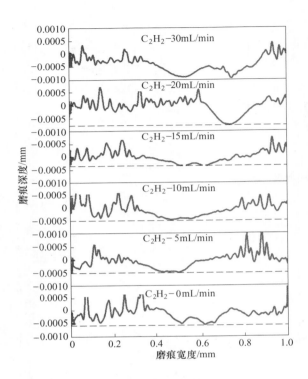

图 5-9 涂层上的磨痕截面轮廓形貌

蚀,这将促进涂层的剥落[55]。此外,如图 5-10(h)和(f)所示,当 C_2H_2 流量为 20mL/min 和 30mL/min 时,磨痕表面也观察到了大片剥落区域。这是由于涂层硬度低,附着力差,在循环滑动过程中裂纹扩展而形成大片状凹坑。随着塑性变形的累积,在磨痕表面下优先形成裂纹,这是接触区域下方存在高度压缩的应力所致。如果裂纹形成,进一步的变形将导致裂纹扩展,然后导致大面积的分层及剥落[56]。然而,当 C_2H_2 流量为 10mL/min 时,磨痕上未发现明显的剥落坑和磨损坑,这归因于其高硬度和良好的耐腐蚀性。

由于磨痕的 EDS 分析呈现出相似的特征,图 5-11 仅展示了流量为 10mL/min 时涂层磨损和非磨损区域的 EDS 图谱。结果表明,涂层非磨损和磨损区域都观察到了 Na、S 和 Cl 元素,这表明元素从海水转移到了涂层表面。Na 和 Cl 元素在磨损区域中的信号要强于非磨损区域,这是由于磨损区域可以存储更多的海水。同时,如图 5-11(b)所示,在磨损区域上还观察到少量的 W 元素,这表明在滑动过程中元素从摩擦配副转移到了涂层表面。此外,磨损区域还包含 Cr、C、N 和 O 元素,这表明摩擦过程中发生了氧化反应[46]。

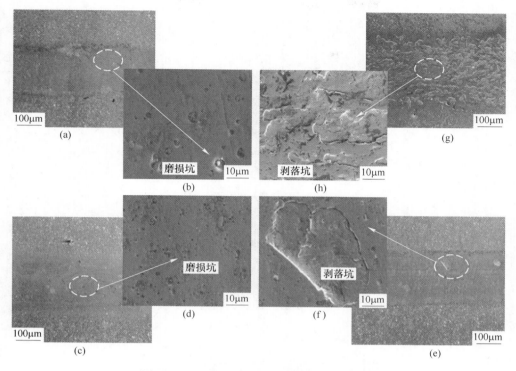

图 5-10 CrCN 涂层在海水中磨损过后的形貌
(a), (b) C_2H_2-0mL/min；(c), (d) C_2H_2-10mL/min；
(e), (f) C_2H_2-20mL/min；(g), (h) C_2H_2-30mL/min

低摩擦可归因于石墨化作用或在循环滑动过程中在接触表面上形成的摩擦层。如图 5-12 所示，通过拉曼光谱鉴定了摩擦层的石墨特征。在海水滑动条件下，在拉曼光谱中的 $1580cm^{-1}$ 处发现明显的特征峰，这表明 sp^2-杂化碳存在于摩擦配副的接触面上[56]。在 C_2H_2 流量为 0mL/min 时，接触表面上无明显的石墨化特征。随着 C_2H_2 流量的增加，特征峰强度呈现出上升的趋势，当 C_2H_2 流量为

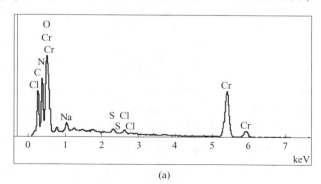

(a)

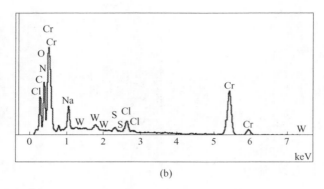

图 5-11 CrCN 涂层非磨损和磨损区域的 EDS 图谱
(a) 非磨损；(b) 磨损

10mL/min 时，峰值强度达到最大值，这些结果与 sp^2 键的含量一致。如上所述，CrCN 涂层的磨损行为与碳含量密切相关，当 C_2H_2 流量为 10~15mL/min 涂层具有最理想的性能。

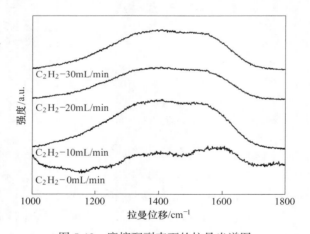

图 5-12 摩擦配副表面的拉曼光谱图

参 考 文 献

[1] Chen B B, Wang J Z, Yan F Y. Friction and wear behaviors of several polymers sliding against GCr15 and 316 steel under the lubrication of sea water [J]. Tribology Letters, 2011, 42：17~25.

[2] Ye Y W, Wang Y X, Chen H, et al. Influences of bias voltage on the microstructures and tribological performances of Cr—C—N coatings in seawater [J]. Surface and Coatings Technology,

2015, 270: 305~313.

[3] Shan L, Wang Y, Li J, et al. Tribological property of TiN, TiCN and CrN coatings in seawater [J]. China Surface Engineer 2013, 26(6): 86~92.

[4] Yao S H, Su Y L. The tribological potential of CrN and Cr(C, N) deposited by multi-arc PVD process [J]. Wear 1997, 212: 85~94.

[5] Wang Q Z, Zhou F, Wang X N, et al. Comparison of tribological properties of CrN, TiCN and TiAlN coatings sliding against SiC balls in water [J]. Applied Surface Science, 2011, 257: 7813~7820.

[6] Navinsek B, Panjan P. Oxidation resistance of PVD Cr, Cr-N and Cr-N-O hard coatings [J]. Surface and Coatings Technology, 1993, 59: 244~248.

[7] Ichimura H, Kawana A. High temperature oxidation of ion-plated CrN films [J]. Journal of Materials Research, 1994, 9: 151~155.

[8] Liu C, Bi Q, Matthews A. EIS comparison on corrosion performance of PVD TiN and CrN coated mild steel in 0.5 N NaCl aqueous solution [J]. Corrosion Science, 2001, 43: 1953~1961.

[9] Bertrand G, Mahdjoub H, Meunier C. A study of the corrosion behaviour and protective quality of sputtered chromium nitride coatings [J]. Surface and Coatings Technology, 2000, 126: 199~209.

[10] Wang J, Zhang A, Wang L. The influence of metal alloyed on the structure and wear properties of CrN coatings [J]. Lubrication Engineering, 2008, 33: 30~32.

[11] Knotek O, Loefer F, Kreme G. Multicomponent and multilayer PVD coatings for cutting tools [J]. Surface and Coatings Technology, 1992, 54: 241~248.

[12] Huang J X, Wan S H, Wang L P, et al. Tribological properties of Si-doped graphite-like amorphous carbon Film of PEEK rubbing with different counterparts in SBF medium [J]. Tribology Letters, 2015, 57: 10~17.

[13] Guan X Y, Wang L P. The tribological performances of multilayer graphite-like carbon (GLC) coatings sliding against polymers for mechanical seals in water environments [J]. Tribology Letters, 2012, 47: 67~78.

[14] Guan X Y, Lu Z B, Wang L P. Achieving high tribological performance of graphite-like carbon coatings on Ti_6Al_4V in aqueous environments by gradient interface design [J]. Tribology Letters, 2011, 44: 315~325.

[15] Huang J X, Wang L P, Liu B, et al. In vitro evaluation of the tribological response of Mo-doped graphite-like carbon film in different biological media [J]. ACS Applied Materials & Interfaces, 2015, 7: 2772~2783.

[16] Almer J, Oden M, Hakansson G. Microstructure, stress and mechanical properties of arc-evaporated Cr—C—N coatings [J]. Thin Solid Films 2001, 385: 190~197.

[17] Choi E, Kang M, Kwon D, et al. Comparative studiem on microstructure and mechanika properties of CrN, Cr—C—N and Cr—Mo—N coatings [J]. Journal of Materials Processing Technology, 2007, 187-188: 566~570.

[18] Cekada M, Macek M, Merl D K, et al. Properties of Cr(C, N) hard coatings deposited in Ar-C_2H_2-N_2 plasma [J]. Thin Solid Films 2003, 433: 174~179.

[19] Wu Z L, Lin J, Moore J J, et al. Microstructure, mechanical and tribological properties of Cr—C—N coatings deposited by pulsed closed field unbalanced magnetron sputtering [J]. Surface and Coatings Technology, 2009, 204: 931~935.

[20] Tong C Y, Lee J W, Kuo C C, et al. Effects of carbon content on the microstructure and mechanical property of cathodic arc evaporation deposited CrCN thin films [J]. Surface and Coatings Technology, 2013, 231: 482~486.

[21] Hu P F, Jiang B L. Study on tribological property of CrCN coating based on magnetron sputtering plating technique [J]. Vacuum 2011, 85: 994~998.

[22] Oliver W C, Pharr G M. An improved technique for determining hardness and elastic modulus using load and displacement sensing indentation experiments [J]. Journal of Materials Research, 1992, 7: 1564~1583.

[23] Boxman R L, Goldsmith S. Macroparticle contamination in cathodic arc coatings: Generation, transport and control [J]. Surface and Coatings Technology, 1992, 52: 39~50.

[24] Wang R Y, Wang L L, Liu H D, et al. Synthesis and characterization of CrCN-DLC composite coatings by cathodic arc ion-plating [J]. Nulear Instruments Methods Physics Research B, 2013, 307: 185~188.

[25] Healy M D, Smith D C, Rubiano R R, et al. Use of tetrsneopentylchromium as a precursor for the organometallic chemical vapor deposition of chromium carbide: A reinvestigation [J]. Chemistry of Materials, 1994, 6: 448~453.

[26] Shi Y, Long S, Fang L, et al. Effect of nitrogen content on the properties of $CrN_xO_yC_z$ coating prepared by DC reactive magnetron sputtering [J]. Applied Surface Science, 2008, 254: 5861~5867.

[27] Vyas A, Shen Y G, Zhou Z F, et al. Nano-structured CrN/CN_x multilayer films deposited by magnetron sputtering [J]. Composites Science and Technology, 2008, 68: 2922~2929.

[28] Agostinelli E, Battistoni C, Fiorani D, et al. An XPS study of the electronic structure of the $Zn_xCd_{1-x}Cr_2(X = S, Se)$ spinel system [J]. Journal of Physics and Chemistry of Solids, 1989, 50: 269~272.

[29] Tandon R K, Payling R, Chenhall B E, et al. Application of X-ray photoelectron spectroscopy to the analysis of stainless-steel welding aerosols [J]. Applied Surface Science, 1985, 20: 527~537.

[30] Goretzki H, Rosenstiel P V, Mandziej S, et al. Small area MXPS-and TEM-measurements on temperembrittled 12% Cr steel [J]. Analytical Chemistry, 1989, 333: 451, 452.

[31] Dai W, Ke P L, Wang A Y. Microstructure and property evolution of Cr-DLC films with different Cr content deposited by a hybrid beam technique [J]. Vacuum 2011, 85: 792~797.

[32] Zhou F, Adachi K, Kato K. Friction and wear property of a-CN_x coatings sliding against ceramic and steel balls in water [J]. Diamond Related Materials, 2005, 14: 1711~1720.

[33] Bismarck A, Tahhan R, Springer J, et al. Influence of fluorination on the properties of carbon fibres [J]. Journal of Fluorine Chemistry, 1997, 84: 127~134.

[34] Matron D, Boya K J, AI-Bayali A H, et al. Carbon nitride deposited using energetic species: A two-phase system [J]. Physical Review Letters, 1994, 73: 118~121.

[35] Cheng Y H, Qiao X L, Chen J G, et al. Dependence of the composition and bonding structure of carbon nitride films deposited by direct current plasma assisted pulsed laser ablation on the deposition temperature [J]. Diamond Related Materials, 2002, 11: 1511~1517.

[36] Lin Y, Munroe R R. Deformation behavior of complex carbon nitride and metal nitride based bilayer coatings [J]. Thin Solid Films, 2009, 517: 4862~4866.

[37] Ye Y W, Wang Y X, Chen H, et al. Doping carbon to improve the tribological performance of CrN coatings in seawater [J]. Tribology International, 2015, 90: 362~371.

[38] Warcholinski B, Gilewicz A. Effect of substrate bias voltage on the properties of CrCN and CrN coatings deposited by cathodic arc evaporation [J]. Vacuum 2013, 90: 145~150.

[39] Odén M, Almer J, Håkansson G. The effects of bias voltage and annealing on the microstructure and residual stress of arc-evaporated Cr—N coatings [J]. Surface and Coatings Technology, 1999, 120-121: 272~276.

[40] Wang Q Z, Zhou F, Ding X D, et al. Microstructure and water-lubricated friction and wear properties of CrN(C) coatings with different carbon contents [J]. Applied Surface Science, 2013, 268: 579~587.

[41] Lim Y Y, Chaudhri M M. The influence of grain size on the indentation hardness of high-purity copper and aluminium [J]. Philosophical Magazine A, 2002, 82(10): 2071~2080.

[42] Jung B B, Lee H K, Park H C. Effect of grain size on the indentation hardness for polycrystalline materials by the modified strain gradient theory [J]. International Journal of Solids and Structures, 2013, 50: 2719~2724.

[43] Sakharova N A, Fernandes J V, Oliveira M C, et al. Influence of ductile interlayers on mechanical behaviour of hard coatings under depth-sensing indentation: a numerical study on TiAlN [J]. Journal of Materials Science, 2010, 45: 3812~3823.

[44] Qin L Y, Lian J S, Jiang Q. Effect of grain size on corrosion behavior of electrodeposited bulk nanocrystalline Ni [J]. Transactions of Nonferrous Metals Society of China, 2010, 20: 82~89.

[45] Aung N N, Zhou W. Effect of grain size and twins on corrosion behaviour of AZ31B magnesium alloy [J]. Corrosion Science, 2010, 52: 589~594.

[46] Shan L, Wang Y, Li J, et al. Tribological behaviours of PVD TiN and TiCN coatings in artificial seawater [J]. Surface and Coatings Technology, 2013, 226: 40~50.

[47] Roos J, Celis J P, Vancoille E, et al. Interrelationship between processing, coating properties and functional properties of steered arc physically vapour deposited(Ti, AI) N and(Ti, Nb) N coatings [J]. Thin Solid Films 1990, 193: 547~556.

[48] Neville A, Morina A, Haque T, et al. Compatibility between tribological surfaces and lubricant

additives—How friction and wear reduction can be controlled by surface/lube synergies [J]. Tribology International, 2007, 40: 1680~1695.

[49] Wang J, Yan Y, Xue Q. Tribological behavior of PTFE sliding against steel in sea water [J]. Wear 2009, 267: 1634~1641.

[50] Field S K, Jarratt M, Teer D G. Tribological properties of graphite-like and diamond-like carbon coatings [J]. Tribology International, 2004, 37: 949~956.

[51] Shan L, Wang Y, Li J, et al. Effect of N_2 flow rate on microstructure and mechanical properties of PVD CrN_x coatings for tribological application in seawater [J]. Surface and Coatings Technology, 2014, 242: 74~82.

[52] Al-Samarai R A, Haftirman, Ahmad K R, et al. The influence of roughness on the wear and friction coefficient under dry and lubricated sliding [J]. International Journal of Scientific & Engineering Research, 2012, 3(4): 1~6.

[53] Landolt D, Mischler S, Stemp M. Electrochemical methods in tribocorrosion: a critical appraisal [J]. Electrochimica Acta, 2001, 46: 3913~3929.

[54] Liu C, Leyland A, Bi Q, et al. Corrosion resistance of multi-layered plasma-assisted physical vapour deposition TiN and CrN coatings [J]. Surface and Coatings Technology, 2001, 141: 164~173.

[55] Wang J, Chen J, Chen B, et al. Wear behaviors and wear mechanisms of several alloys under simulated deep-sea environment covering seawater hydrostatic pressure [J]. Tribology International, 2012, 56: 38~46.

[56] Wang Y X, Wang L P, Zhang G A, et al. Effect of bias voltage on microstructure and properties of Ti-doped graphite-like carbon films synthesized by magnetron sputtering [J]. Surface and Coatings Technology, 2010, 205: 793~800.

6 均质和梯度 CrCN 涂层结构及海水环境摩擦学性能

梯度设计可以进一步提高涂层的优越性。本章运用多弧离子镀技术在 316L 不锈钢和单晶硅上沉积了均质与梯度 CrCN 涂层，改变乙炔流量设计（第 1 个 30min 时，乙炔流量（标准状态下，后同）从 5mL/min 匀速升至 20mL/min；第 2 个 30min，乙炔保持在 20mL/min；第 3 个 30min，乙炔从 20mL/min 匀速升至 40mL/min；第 4 个 30min，乙炔保持在 40mL/min）。本章介绍了均质及梯度 CrCN 涂层的微观结构及在人工海水环境下的摩擦学行为，探讨结构设计对涂层摩擦学性能的差异，并分析处于人工海水环境中的磨损机理。

6.1 制备与表征

6.1.1 CrCN 涂层的制备

基体的前处理及涂层的制备过程与第 3 章相同。但沉积均质 CrCN 涂层时乙炔流量恒定为 40mL/min，沉积梯度 CrCN 涂层时乙炔流量为 5~40mL/min 梯度变化。

6.1.2 均质和梯度 CrCN 涂层的结构及力学性能表征

均质和梯度 CrCN 涂层的结构与力学性能表征与第 3 章相同。

6.1.3 均质和梯度 CrCN 涂层的电化学及摩擦学性能表征

均质和梯度 CrCN 涂层的电化学及摩擦学性能表征与第 3 章相同。

6.2 均质和梯度 CrCN 涂层的微观结构

选用 X 射线衍射仪表征均质与梯度 CrCN 涂层的 XRD 峰谱，结果如图 6-1 所示。发射源采用铜靶 K_α 射线（$\lambda = 0.15404$nm），扫描范围是 30°~90°。对于均质 CrCN 涂层，主要存在 3 个衍射峰，分别为 40°附近的 Cr_7C_3（421）、60°附近的 CrN(220) 以及 80°附近的 CrN(222)。对于梯度 CrCN 涂层，主要存在 6 个衍射峰，分别为 40°附近的 CrN(111)、CrN(200) 和 Cr_7C_3(421)，60°附近的 CrN(220) 和 C_3N_4(311)，80°附近的 Cr_7C_3(551)。梯度 CrCN 涂层在均质 CrCN 涂层的基础上，产生了 3 个新的衍射峰，分别是 CrN(111)、CrN(200) 和 C_3N_4(311)。较之于均质 CrCN 涂层，梯度 CrCN 涂层中 Cr_7C_3(421) 和 CrN(220) 衍射峰强度变高，宽度变窄，结晶程度高。这说明乙炔流量在梯度变化的过程中有利于 CrN(111)、CrN(200) 和 C_3N_4(311) 的形核与长大，同时显著改变了涂层的生长取向。

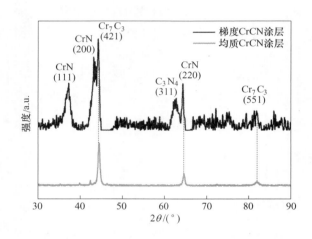

图 6-1 均质和梯度 CrCN 涂层的 XRD 图谱

结合表 6-1 计算数据所示，均质 CrCN 涂层的平均晶粒尺寸为 18.7nm，而梯度 CrCN 涂层的平均晶粒尺寸只有 12.7nm，可见，乙炔流量梯度变化使得梯度 CrCN 的平均晶粒尺寸明显下降。依据文献报道[1,2]，涂层晶粒尺寸的减小有利于提高涂层的力学性能（如硬度），从而提高断裂应力；梯度 CrCN 涂层中的择优取向使得存在于柱状晶晶界间的孔隙路径趋于复杂化，甚至能形成阻断腐蚀介质渗透的通道。而择优取向与涂层的耐磨损能力有一定的关联，C 原子掺入涂层后取代原有的原子，形成置换固溶体，进而形成新相。Cr_7C_3 是一种斜方晶系的强化相，C_3N_4 相硬度高，它们的产生对梯度 CrCN 涂层的力学性能具有较大的改善。对（421）晶面的结晶度计算发现，随着乙炔流量的变化，（421）晶面的结晶度显著升高，说明涂层除了有择优取向的改变之外，还伴有特定晶相的结晶度变化。

表 6-1 涂层的晶粒尺寸及（421）面结晶度

涂 层	梯度 CrCN	均质 CrCN
平均晶粒尺寸/nm	12.7	18.7
晶粒尺寸/nm	CrN(111)8.1；CrN(200)8.6；CrN(220)6.6 Cr_7C_3(421)13.4；C_3N_4(311)6.4	Cr_7C_3(421)17.2；CrN(200)22.0；CrN(220)11.6
结晶度/%	75.41	53.88

碳元素的存在形式对改善涂层的摩擦磨损特性具有重要的作用。均质和梯度 CrCN 涂层的 C 1s 及 N 1s 图谱均呈现在图 6-2 中。由图 6-2 可知，C 1s 图谱都有两个明显的峰，一个在 283eV 附近，另一个是在 285eV 附近。经拟合分析可知，283eV 周围的峰对应的化学键为 C—Cr 键，通过键能位置可知对应的相为 Cr_7C_3。通过拟合 285eV 附近的峰发现，C 元素大部分是以石墨结构（sp^2 杂化碳）和金刚石结构（sp^3 杂化碳）的形式存在，对应的键能分别为 284.6eV 和 286eV[3,4]。该位置对应的杂化键还可能存在碳氮化物，通过氮元素的拟合分析可以看出，均质 CrCN 中 N 1s 精细峰仅仅拟合成了一个 N-Cr 峰，对应的键能为 396.6eV[5]，无 C—N 键的存在；梯度 CrCN 涂层中的 N 1s 精细峰则可以拟合成 3 个峰，分别是 N—Cr、N—C、N＝C，对应的键能分别为 396.6eV、399.1eV 和 400.5eV[5~7]。通过计算得出 C 1s 峰中各键的含量，参见表 6-2 可知，两种涂层检测区域成分相近，因为 XPS 检测的深入区域只有 10nm，在沉积梯度涂层时，最后一阶段乙炔流量均为 40mL/min，且沉积时间较长，所以各元素成分较为接近。

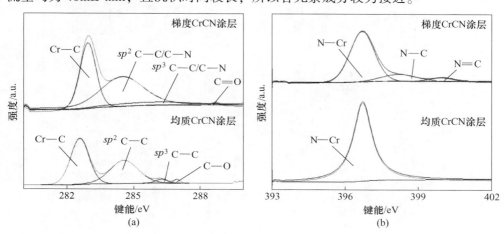

图 6-2 均质和梯度 CrCN 涂层的 C 1s 和 N 1s 图谱
(a) 均质和梯度 CrCN 涂层的 C1s 图谱；(b) 均质和梯度 CrCN 涂层的 N 1s 图谱

据文献记载[8]，C 元素掺入到氮化铬涂层中主要分成两部分，一部分与 Cr 元素组成强化相，另一部分形成杂化碳。sp^3 键和强化相（Cr_7C_3）具有很高的硬度，而石墨结构的 sp^2 键具有很好的润滑作用。如表 6-2 所示，梯度 CrCN 涂层内部 sp^2C—C/C—N 杂化键和 sp^3C—C/C—N 杂化键的含量分别为 55.6% 和 5.24%，明显高于均质 CrCN 中的 49.8% 和 3.7%。

表 6-2 涂层的化学成分

涂层	化学成分/%							
	C	Cr	N	O	C—Cr	sp^2	sp^3	C—O
均质	28.71	46.88	22.23	2.18	44.9	48.8	4.7	1.6
梯度	25.72	43.17	25.01	2.4	36.9	55.6	5.24	2.26

图 6-3 给出了均质和梯度 CrCN 涂层的表面及截面形貌。如图 6-3 所示，涂层表面均存在一些液滴和微孔。其中，液滴是由于在沉积过程中阴极电弧靶材局部受热蒸发融化形成；微孔则是高能粒子在轰击涂层表面时能量过高，表面大颗粒被溅射所导致[9~11]。整体看来，均质 CrCN 涂层表面呈"鹅卵石"状的大颗粒

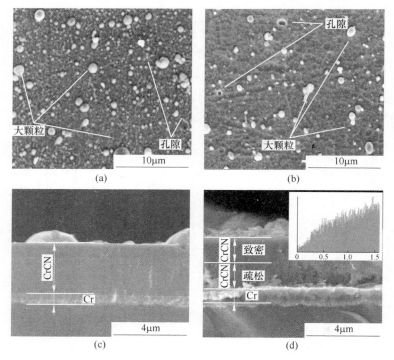

图 6-3 均质和梯度 CrCN 涂层的表面及截面微观形貌
(a) 均质涂层表面形貌；(b) 梯度涂层表面形貌；(c) 均质涂层截面形貌；(d) 梯度涂层截面形貌

液滴分布广、数量多；梯度 CrCN 涂层表面较为光滑，但也存在少数大颗粒与孔洞。经测量，梯度 CrCN 涂层的平均 R_a 为 73nm，均质 CrCN 涂层的平均 R_a 为 99nm。在截面形貌图 6-3 中，Cr 过渡层清晰可见，两种涂层的厚度相当，说明沉积速率比较接近。较之均质 CrCN 涂层，梯度 CrCN 涂层截面的致密程度存在一个明显的过渡区域。同时，通过对梯度涂层截面线扫描发现，碳元素含量由内到外呈现出递增趋势，与乙炔流量增长的趋势相同。

6.3 均质和梯度 CrCN 涂层的力学性能

硬度与模量均为衡量材料机械特性的重要参数。据文献记载[12,13]，H/E 越大，说明材料局部能量消耗越小，卸载后的压头弹性恢复越大；H/E 还和涂层的耐磨损程度紧密相关。采用纳米压痕测试技术来表征涂层的硬度与模量，如图 6-4 所示，在接近表面 400~600nm 区域存在一个硬度平台，该平台区域的硬度值即为 CrCN 涂层的硬度。通过分析，均质和梯度 CrCN 涂层的纳米硬度值分别约为 18GPa 和 22GPa。随着实验的进行，因为基体材料比较软，涂层的纳米硬度受基体变软而逐渐降低。经计算，均质 CrCN 涂层的 H/E 和 H^3/E^2 分别为 0.06 和 0.059GPa。梯度 CrCN 涂层的 H/E 和 H^3/E^2 分别为 0.068 和 0.094GPa。梯度 CrCN 涂层的 H/E 和 H^3/E^2 明显高于均质 CrCN 涂层，换言之，梯度 CrCN 涂层的弹塑性优于均质 CrCN 涂层。

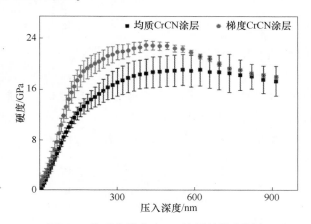

图 6-4　均质和梯度 CrCN 涂层的纳米硬度

采用划痕测试系统对涂层的结合力进行测量，结果呈现在图 6-5 中。对均质 CrCN 涂层而言，声波信号在 40N 附近开始出现明显波动，在此之后波动更为剧烈，通过 SEM 分析该处的具体变化，发现局部有裂纹产生，可知涂层的结合力约为 38N。对于梯度 CrCN 涂层，在 1~80N 内声波信号无明显波动，在 80N 附近开始出现大幅度波动，对应的划痕形貌也产生轻微裂纹，涂层的临界载荷约为 80.2N。两种涂层在载荷为 100N 时都没有露出基体，显示了良好的结合强度。

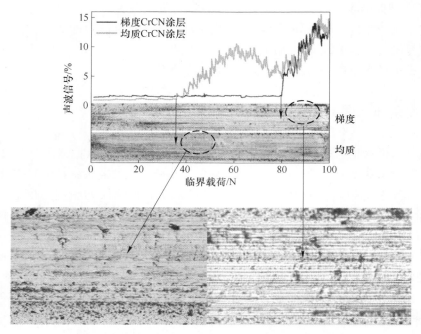

图 6-5 均质和梯度 CrCN 涂层的划痕形貌和结合力

6.4 均质和梯度 CrCN 涂层的耐蚀性能

两种涂层的塔菲尔曲线如图 6-6 所示，较之于均质 CrCN 涂层，梯度 CrCN 涂层具有较高的自腐蚀电位与较低的自腐蚀电流密度。较之于自腐蚀电位的升高幅度而言，自腐蚀电流密度的降低幅度更为显著，定义 B 为 Stern-Geary 常数，则有

$$B = \frac{\beta_a \beta_c}{2.303(\beta_a + \beta_c)} \tag{6-1}$$

$$B = i_{corr} \cdot R_p \tag{6-2}$$

式中，R_p 为极化阻抗。计算得到的动机械数据记录在表 6-3 中，梯度 CrCN 涂层的 i_{corr} 仅为 $9.1553 \times 10^{-10}\ \text{A/cm}^2$，小于均质 CrCN 涂层的电流密度（$3.9673 \times 10^{-9}\ \text{A/cm}^2$），均质 CrCN 涂层的腐蚀电位为 -0.2133V，梯度 CrCN 涂层的腐蚀电位为 -0.1597V，即其发生腐蚀反应的速率小于均质 CrCN 涂层，同时对应的阻抗也大于均质 CrCN 涂层。结合 CrCN 涂层的显微结构分析，其耐腐蚀性能提高主

要是因为涂层梯度结构阻断了纵向贯穿型的晶间间隙，使介质渗入基体的概率大幅降低。

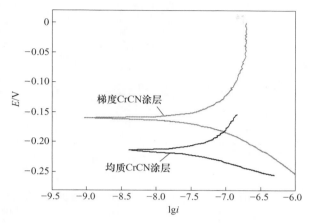

图 6-6 均质和梯度 CrCN 涂层在海水环境下的极化曲线

表 6-3 均质与梯度 CrCN 在人造海水中的腐蚀动机械参数

参　数	β_a	β_c	$i_{corr}/A \cdot cm^{-2}$	E_{corr}/V	$R_p/k\Omega$
均质	0.14	0.15	3.9673×10^{-9}	-0.2133	680
梯度	0.06	0.07	0.9155×10^{-9}	-0.1597	1135

6.5 均质和梯度 CrCN 涂层的摩擦学性能

　　两种涂层在海水环境下的摩擦磨损行为如图 6-7 所示，其中经摩擦实验后已被磨穿的实验点无法计算磨损率。两种涂层在不同载荷频率下摩擦系数数值都不一样，处于相应的环境时，梯度 CrCN 涂层的摩擦系数值都低于均质 CrCN 涂层。其中最大值出现在均质 CrCN 涂层低载荷低频率（10N，2Hz）的实验点上，平均值为 0.3；最小值出现在梯度 CrCN 涂层的高载荷高频率（20N，10Hz）实验点上，平均值为 0.15，但改变测试参数（载荷和频率），摩擦系数及磨损率呈现出较好的规律性。两种涂层大部分实验点的平均摩擦系数都随着频率的升高而降低，低载荷实验点的摩擦系数高于高载荷实验点，磨损率也呈现相应的规律。本节从施加载荷、涂层在摩擦过程中的塑性变形以及海水润滑介质三方面综合分析其摩擦磨损行为。相比于去离子水环境，海水中含有的 Ca^{2+} 和 Mg^{2+} 能够在摩擦过程中生成 $CaCO_3$ 和 $Mg(OH)_2$，从而提供较好的润滑效果[14~16]。同时，海水的腐蚀作用也存在，一方面海水能够在摩擦过程中渗入涂层裂纹内部，在摩擦过程中导致裂纹扩展，加剧磨损；另一方面会出现局部电化学腐蚀破坏，从而加速涂层失效[17]。

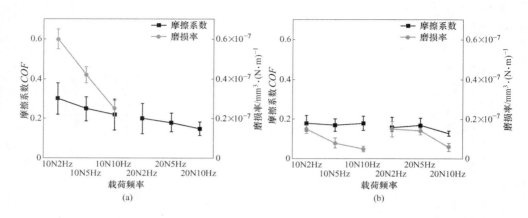

图 6-7 均质和梯度 CrCN 涂层的摩擦系数曲线及磨损率
(a) 均质 CrCN 涂层；(b) 梯度 CrCN 涂层

涂层与对偶球之间发生相对滑动时，良好的硬度与韧性是提高其耐磨损能力的前提[18]。高硬度可以使涂层发生塑性形变的应力增大，而韧性的改善则可使涂层在承受法向高载荷时不易发生脆性断裂，进而综合提高材料在海水环境下的摩擦学性能。

在低载荷（10N）条件下，均质 CrCN 涂层具有最大的摩擦系数及磨损率，主要是因为其相对于梯度 CrCN 涂层具有较小的硬度与韧性，在涂层与配副对磨时更容易产生塑性形变甚至剥落。此外，梯度 CrCN 涂层中平均晶粒尺寸较小可以显著限制微裂纹的延伸[19]。在高载荷（20N）条件下，均质 CrCN 涂层在 3 种频率下均被磨穿，在海水的渗透腐蚀作用下而失效，而梯度 CrCN 涂层保持完好。主要是梯度 CrCN 涂层内晶粒细小和致密组织结构使得海水渗入的能力降低，减缓了海水的腐蚀作用，从而有效延长了涂层的寿命。

为了进一步研究均质和梯度 CrCN 涂层在海水环境下与 WC 对偶球对磨时的摩擦磨损机理，利用扫描电镜（SEM）来观测涂层在人工海水环境下的局部磨痕形貌，结果呈现于图 6-8 中。图 6-8 (a)、(c)、(e) 和 (g) 为均质 CrCN 涂层在载荷 10N，频率 10Hz 时对应的二维轮廓、磨痕形貌、形貌局部放大图及 EDS 图谱。该情况下磨痕深度较深，边缘存在较多磨屑堆积，中间存在明显微裂纹区及剥落迹象，剥落颗粒在机械作用下反复滑动，容易造成表面划伤；图 6-8 (b)、(d)、(f) 和 (h) 为梯度 CrCN 涂层在载荷 20N，频率 10Hz 时的二维轮廓、磨痕形貌、形貌局部放大图及 EDS 图。该情况下磨痕深度较浅，表面相对光洁，表现出较轻微的磨损特点，且在整个摩擦过程中未表现出磨损失效行为。从 EDS 图谱内能看出，磨痕内存在 Cr、C 和 N 元素，同时也发现了 S、Cl、Mg 和 Ca 等元素，这表明在摩擦过程中海水中的部分元素以某种形式沉积在涂层表面。

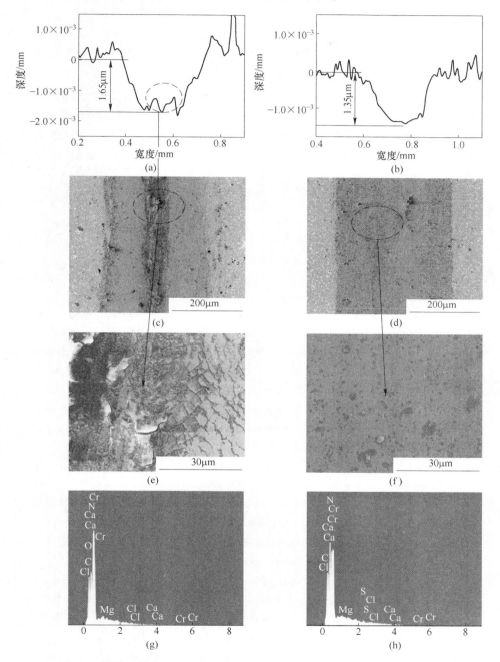

图 6-8 均质和梯度 CrCN 涂层海水环境下的磨痕形貌、轮廓及 EDS 图谱
(a) 均质涂层磨痕轮廓；(b) 梯度涂层磨痕轮廓；(c)、(e) 均质涂层磨痕形貌；
(d)、(f) 梯度涂层磨痕形貌；(g) 均质涂层磨痕 EDS 图谱；(h) 梯度涂层磨痕 EDS 图谱综合以上现象可知，涂层在与配副对磨时，长期处在相对运动的状态，一方面容易使涂层中原子键断裂而产生多数疏松的磨粒，在反复碾压过程中被挤至边缘地带；另一方面，在颗粒剥落后，磨痕表面形成的空隙作为裂纹的发源地，在摩擦过程中容易产生裂纹，海水可以通过微裂纹渗透到内部而形成局部腐蚀，进一步加剧磨损[20]。较之于均质 CrN 涂层，梯度 CrCN 涂层平均晶粒细小，结构致密，综合力学性能和耐腐蚀性能较好，从而在高载荷下表现出较优异的减磨抗磨性能。具体而言，一方面，梯度 CrCN 涂层具有更好的高承载能力；另一方面，梯度 CrCN 涂层中 sp^2 比例高，在接触界面更容易产生具有低剪切特性的石墨化转移膜。

参 考 文 献

[1] Cunha L, Andritschky M, Pischow K, et al. Microstructure of CrN coatings produced by PVD techniques [J]. Thin Solid Films, 1999, 355: 465~471.

[2] Patscheider J, Zehnder T, Diserens M. Structure-performance relations in nanocomposite coatings [J]. Surface & Coatings Technology, 2001, 146: 201~208.

[3] Dai W, Ke P L, Wang A Y. Microstructure and property evolution of Cr-DLC films with different Cr content deposited by a hybrid beam technique [J]. Vacuum, 2011, 85: 792~797.

[4] Zhou F, Adachi K, Kato K. Friction and wear property of a-CN$_x$ coating sliding against ceramic and steel balls in water [J]. Diamond and Related Materials, 2005, 14: 1711~1720.

[5] Briggs D, Seah M P, John WILLEY & SONS. Vol. 1, Second Edition, 1993.

[6] Cheng Y, Qiao X, Chen J, et al. Dependence of the composition and bonding structure of carbon nitride films deposited by direct current plasma assisted pulsed laser ablation on the deposition temperature [J]. Diamond and Related Materials, 2002, 11 (8): 1511~1517.

[7] Lin Y, Munroe P R. Deformation behavior of complex carbon nitride and metal nitride based bilayer coatings [J]. Thin Solid Films, 2009, 517: 4862~4866.

[8] Hu P, Jiang B. Study on tribological property of CrCN coating based on magnetron sputtering plating technique [J]. Vacuum, 2011, 85: 994~998.

[9] Shan L, Wang Y, Li J, et al. Tribological behaviours of PVD TiN and TiCN coatings in artificial seawater [J]. Surface & Coatings Technology, 2013, 226: 40~50.

[10] Ye Y W, Wang Y X, Chen H, et al. Influences of bias voltage on the microstructures and tribological performances of Cr—C—N coatings in seawater [J]. Surface & Coatings Technology, 2015, 270: 305~313.

[11] Ye Y W, WangY X, Chen H, et al. Doping carbon to improve the tribological performance of CrN coatings in seawater [J]. Tribology International, 2015, 90: 362~371.

[12] Bao Y W, Wang W, Zhou Y C. Investigation of the relationship between elastic modulus and hardness based on depth-sensing indentation measurements [J]. Acta Materialia, 2004, 52

(18): 5397~5404.
- [13] Oberle T L. Properties influencing wear of metals [J]. Journal of Metals, 1951, 3 (6): 438~442.
- [14] Chen B B, Wang J Z, Yan F Y. Friction and wear behaviors of several polymers sliding against gcr15 and 316 steel under the lubrication of sea water [J]. Tribology Letters, 2011, 42 (1): 17~25.
- [15] Wang J Z, Yan F Y, Xue Q J. Friction and wear behavior of ultra-high molecular weight polyethylene sliding against GCr15 steel and electroless Ni-P alloy coating under the lubrication of seawater [J]. Tribology Letters, 2009, 35 (2): 85~95.
- [16] Wang J, Chen B, Yan F. Influence of Seawater Constituents on the Lubrication Effect of Seawater [J]. Lubrication engineering, 2011, 36 (11): 1~5.
- [17] 唐宾, 李咏梅, 秦林, 等. 离子束增强沉积 CrN 膜层及其微动摩擦学性能研究 [J]. 材料热处理学报, 2005, 26 (3): 58~60.
- [18] Polcar T, Kubart T, Novák R, et al. Comparison of tribological behaviour of TiN, TiCN and CrN at elevated temperatures [J]. Surface & Coatings Technology, 2005, 193 (1-3): 192~199.
- [19] Zhang G, Wang L, Liu Q, et al. The structure and wear properties of high performance CrN-based ternary films [J]. Tribology, 2011, 31 (2): 181~186.
- [20] 付英英, 李红轩, 吉利, 等. CrN 和 CrAlN 涂层的微观结构及在不同介质中的摩擦学性能 [J]. 中国表面工程, 2012, 26 (6): 34~41.

7 不同陶瓷配副与 CrCN 涂层海水环境下的摩擦学性能

自从 1987 年 Tomizawa 和 Fisher 等人[1]报道 Si_3N_4/Si_3N_4 在水中的摩擦系数低至 0.002，水润滑陶瓷的研究便成了热点课题。之所以引起人们的关注是因为其与水之间发生摩擦化学反应，摩擦能加速物质的化学反应速率，如 Si_3N_4 在摩擦时与水发生化学反应的激活能是静态反应时的 $1/8 \sim 1/6$[2]。当陶瓷摩擦界面上生成具有润滑作用的摩擦化学产物，经过一段时间的磨合后，接触表面变为超光滑状态，使润滑机理由边界润滑转变为混合或流体动力润滑，从而极大地降低了摩擦系数和磨损率[3]。

常见的水润滑陶瓷有氮化硅（Si_3N_4）、碳化硅（SiC）、氧化铝（Al_2O_3）、氧化锆（ZrO_2）以及碳化钨（WC）[4~8]。陶瓷材料具有高强度、硬度大、耐化学腐蚀、热膨胀系数小的特性，是一般金属材料、高分子材料所不可匹及的[5~14]。陶瓷密度比钢低，质量轻，转动时对外圈的离心率作用可降低 40%，而且弹性模量高、受热胀冷缩影响小及耐腐蚀性强，常用于水润滑轴承和机械密封动、静环材料[15,16]。Si_3N_4 和 SiC 是文献研究和工程应用中最多的两种陶瓷，Tomizawa[1] 和 Chen 等人[17]对比了 Si_3N_4 和 SiC 两种陶瓷在海水中的自配副摩擦学行为，Si_3N_4/Si_3N_4 的磨合时间比 SiC/SiC 短，并且磨合后稳定阶段的摩擦系数要低很多；Andersson 等人[18]对比了 Sialon、SiC、ZrO_2 和 Al_2O_3 陶瓷材料在海水润滑条件下的摩擦实验，发现 SiC 自配对时摩擦性能最好，其次为 Al_2O_3/Al_2O_3。这些水润滑陶瓷摩擦界面都发生了化学反应，降低了摩擦系数。在这些陶瓷中硅系陶瓷摩擦化学反应最容易发生，其次是氧化铝[3]。然而刘宁等人[19]比较了氧化铝陶瓷在大气、纯水和海水中的摩擦性能，发现氧化物陶瓷在大气环境中具有最大的摩擦系数和最小的磨损率，而在海水条件下摩擦系数最小但磨损率最大，磨损率小的原因是发生了摩擦化学反应，而磨损率大是由于水溶液引起氧化铝的吸附脆化，导致脆性剥落。总体来说，硅系陶瓷 Si_3N_4、SiC 与水分子通过摩擦化学反应比较容易生成反应膜，呈现出良好的水基润滑效果，能明显降低摩擦系数和磨损量，在海水润滑摩擦材料中应用最为普遍。

在这项工作中，通过多弧离子镀技术成功制备了 CrCN 涂层。研究了 Cr/CrN/CrCN 涂层与海水中不同陶瓷对应物（Al_2O_3，WC，Si_3N_4，SiC）之间的摩擦学行为，并对摩擦磨损机理进行了深入分析。

7.1 制备与表征

7.1.1 CrCN 涂层的制备

基体的前处理及涂层制备过程与第 3 章相同。Cr 中间层的沉积参数为：偏压 -25V，靶电流 65A，Ar 流量为 350mL/min（标准状态下，后同），时间 10min。此后，将流量为 400mL/min 的 N_2 气体引入腔室制备 CrN 涂层，沉积时间为 1h。最后，引入流量为 40mL/min 的 C_2H_2 制备 CrCN 涂层，沉积时间为 2h。

7.1.2 不同陶瓷配副与 CrCN 涂层的摩擦学性能表征

不同陶瓷配副与 CrCN 涂层的摩擦学性能表征与第 3 章相同，但配副材料为 Al_2O_3、WC、Si_3N_4、SiC。

7.2 不同陶瓷配副与 CrCN 涂层的摩擦学性能

所制备涂层在大气、去离子水和海水中与 Al_2O_3、Si_3N_4、SiC 和 WC 配副对磨时的摩擦系数曲线如图 7-1 所示，这些配副的性能参数列于表 7-1。从图 7-1 可知，所有摩擦系数曲线均经历过一定时期的波动和平稳期。就摩擦环境而言，3 种环境下的 COF 从小到大依次为海水、去离子水、大气。同时，与大气环境相比，去离子水和海水环境下的摩擦系数曲线波动明显较小，这主要取决于摩擦过程中去离子水和海水的润滑效果。另外，所制备的涂层在去离子水和海水中与 WC 和 SiC 配副对磨时的摩擦曲线彼此接近，这可能是由于这两种配副对海水的敏感性较低。

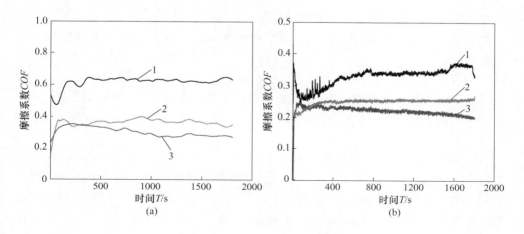

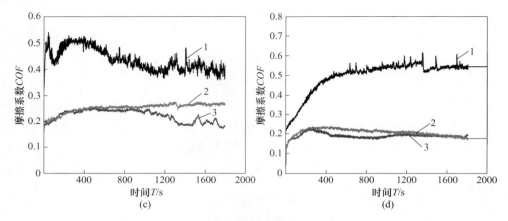

图 7-1 CrCN 涂层在海水环境中与不同配副对磨时的摩擦系数曲线

(a) Si_3N_4;(b) WC;(c) Al_2O_3;(d) SiC

1—大气;2—去离子水;3—海水

表 7-1 配副的性能参数

配副	硬度/GPa	模量/GPa	泊松比	赫兹接触应力/GPa
Si_3N_4	15	300	0.26	1.31
SiC	28	440	0.17	1.41
WC	14	650	0.22	1.50
Al_2O_3	16	340	0.22	1.34

通过计算,所制备的涂层在大气、去离子水和海水中与 Al_2O_3、Si_3N_4、SiC 和 WC 配副对磨后的平均摩擦系数如图 7-2 所示。就摩擦环境而言,由于水介质的润滑,在水性环境中的平均摩擦系数低于大气环境中的平均摩擦系数。同时,由于摩擦化学产物的存在,海水环境中的平均摩擦系数低于去离子水环境中的平均摩擦系数。就摩擦配副而言,与其他配副相比,CrCN-Al_2O_3 在大气环境中的摩擦系数最低,为 0.32,这表明 CrCN 涂层在干摩擦条件下对 Al_2O_3 球具有良好的自润滑作用。其中,CrCN-WC 的摩擦系数与 CrCN-Al_2O_3 相似,而 CrCN-SiC 和 CrCN-Si_3N_4 的摩擦系数相对较高,这可能是由于 Si 基材料的附着力较大。在去离子水和海水中,CrCN-Si_3N_4 的摩擦系数明显高于 CrCN-WC、CrCN-Al_2O_3 和 CrCN-SiC。

所制备涂层在大气、去离子水和海水中与 Si_3N_4、WC、Al_2O_3 和 SiC 配副对磨后的平均磨损率如图 7-3 所示。显然,环境因素对磨损率的影响规律与前面的研究一致。就摩擦配副而言,涂层与不同配副摩擦过后表现出不同程度的磨损现象。在大气环境中,CrCN-SiC 和 CrCN-Si_3N_4 的平均磨损率高于其他组合,而在

7.2 不同陶瓷配副与 CrCN 涂层的摩擦学性能

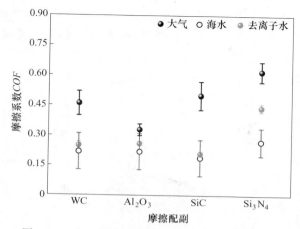

图 7-2　CrCN 涂层在不同条件下的平均摩擦系数

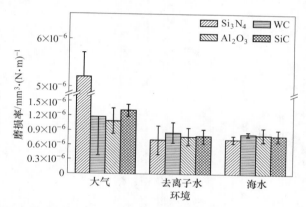

图 7-3　CrCN 涂层在海水环境中与 Si_3N_4、WC、Al_2O_3 和 SiC 配副对磨后的平均磨损率

水介质中则低于 CrCN-WC 和 CrCN-Al_2O_3 组合。另外，CrCN-WC 组合在所有体系中表现出最高的磨损率，这是由于在摩擦界面形成了一些摩擦化学反应，如式 (7-1)~式(7-3) 所示。吉布斯自由能可用于反映化学反应发生的趋势。吉布斯自由能越小，反应越容易发生。通过计算可以发现，形成摩擦化学产物的难易顺序是 $Si_3N_4 < SiC < Al_2O_3$ [25,26]。

$$2Si_3N_4 + 12H_2O \Longrightarrow 3Si(OH)_4 + 4NH_3$$
$$\Delta G^f_{298} = -1268.7 \text{kJ/mol} \tag{7-1}$$

$$SiC + 4H_2O \Longrightarrow Si(OH)_4 + CH_4$$
$$\Delta G^f_{298} = -598.9 \text{kJ/mol} \tag{7-2}$$

$$Al_2O_3 + 3H_2O \Longrightarrow 2Al(OH)_3$$
$$\Delta G^f_{298} = -25.9 \text{kJ/mol} \tag{7-3}$$

为了分析涂层在各种情况下的磨损机理，图 7-4 为涂层在海水中磨损后表面的磨痕形貌。如图 7-4（a）所示，涂层与 SiC 配副对磨后，磨痕表面相对平滑，在表面上仅检测到少量的颗粒，这可能是摩擦配副的磨损所致。就 WC 配副而言，磨痕表面积累了大量碎屑和裂纹，并且还观察到了大量与滑动方向平行的沟槽，这表明所制备涂层的磨损机制主要为磨料磨损。同时，在滑动过程中，腐蚀性介质会进入涂层的缺陷区域，进而引起新的腐蚀并增加磨损。在 CrCN-Al_2O_3 体系中，磨痕表面光滑但分层趋势明显，表明在这种情况下涂层的耐磨性较差。就 CrCN-Si_3N_4 系统而言，磨痕表面光滑平整，无明显剥落及腐蚀迹象，这意味着轻微的磨损损失。

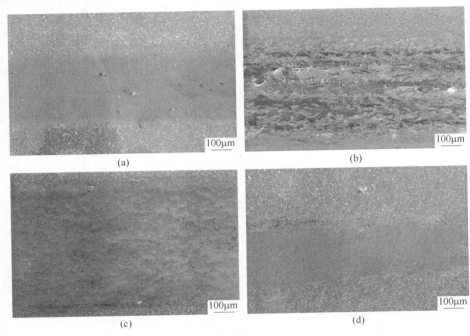

图 7-4　CrCN 涂层海水环境的磨痕形貌
(a) SiC；(b) WC；(c) Al_2O_3；(d) Si_3N_4

在海水中与各种配副滑动后，涂层表面的磨痕形貌轮廓如图 7-5 所示。从图 7-5 可知，所有体系的磨痕轮廓深度是不同的。具体而言，在所有体系中，涂层与 WC 配副对磨后的磨痕轮廓深度最高，可达 1μm。就 Al_2O_3 配副而言，涂层的最大磨痕深度降低到 0.7μm，比 CrCN-WC 体系降低了 30%，这是由于摩擦过程中形成了润滑物质。在与 SiC 配副对磨后，涂层的磨痕深度大大降低，约为 0.55μm，比 CrCN-WC 体系降低了 45%。另外，CrCN-Si_3N_4 体系的磨痕深度最低，约为 0.5μm，这与磨损率的结果一致。

7.2 不同陶瓷配副与 CrCN 涂层的摩擦学性能

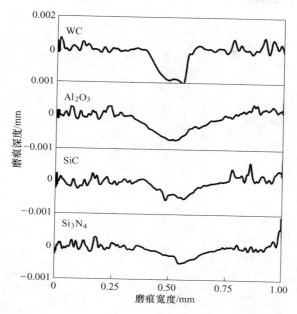

图 7-5 CrCN 涂层在海水环境中与不同配副对磨后的磨痕轮廓

涂层与不同配副对磨后配副的形貌如图 7-6 所示。磨斑的直径可以反映涂层的磨损情况。一般而言，磨斑直径越大，磨斑的磨损损失越高。通过测量，WC 配副的直径约为 312μm，在所有配副中相对较高。就 Si_3N_4 配副而言，磨斑的直径约为 198μm，在所有配副中最低，表明磨损最小。然而，Al_2O_3 配副的直径最大，约为 451μm，是 WC 配副的 2.28 倍。另外，SiC 配副的直径类似于 WC 配副，这意味着磨损量相似。而且，一些黏附物质分布在磨斑的表面上，这可能是由于摩擦过程中形成的转移膜。

为了确认转移膜的形成，磨斑的拉曼光谱分析如图 7-7 所示。从图 7-7 可知，在 $1300cm^{-1}$ 和 $1600cm^{-1}$ 附近观察到两个明显的峰，分别对应于 D 峰和 G 峰。ID/IG 值可用于反映石墨化程度。一般而言，ID/IG 值越高，石墨化程度越高。在表面原子层中占主导地位的石墨碳可以显著降低悬空 σ 键的含量，导致接触表面的表面能较低。由于黏合剂的相互作用与接触面的表面能成正比，因此石墨化降低了滑动过程中的摩擦剪切阻力。经计算，Si_3N_4 配副表面的 ID/IG 值为 1.05，在所有配副中最高，表现出最高的石墨化程度。同时，SiC、Al_2O_3 和 WC 配副表面的 ID/IG 值分别约为 1.01、0.99 和 0.87，这表明石墨化程度的顺序为 Si_3N_4 >SiC >Al_2O_3>WC。该顺序与磨损率的变化趋势一致。因此，与 WC 配副对磨时涂层显示出最严重的磨损，而 CrCN-Si_3N_4 体系呈现出最低的磨损率。

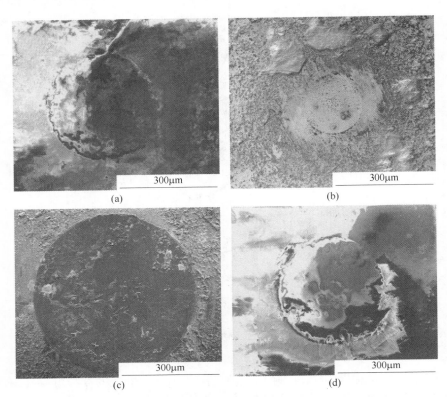

图 7-6 CrCN 涂层在海水环境中与不同配副对磨后的磨斑形貌
(a) WC；(b) Si_3N_4；(c) Al_2O_3；(d) SiC

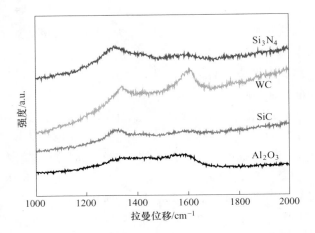

图 7-7 CrCN 涂层在海水环境中与不同配副对磨后的拉曼光谱

参 考 文 献

[1] Tomizawa H, Fischer T. Friction and wear of silicon nitride and silicon carbide in water-hydrodynamic lubrication at low sliding speed obtained by tribochemical wear [M]. 1987.

[2] Xun J G, Kato K. Formation of tribochemical layer of ceramics sliding in water and its role for low friction [J]. Wear, 2000, 245: 61~75.

[3] Fischer T E, Mullins W M. Chemical aspects of ceramic tribology [J]. Journal of Physical Chemistry, 1992, 96 (14): 5690~5701.

[4] Ma F, Li J, Zeng Z, et al. Structural, mechanical and tribocorrosion behaviour in artificial seawater of CrN/AlN nano-multilayer coatings on F690 steel substrates [J]. Applied Surface Science, 2018, 428: 404~414.

[5] Shan L, Wang Y, Li J, et al. Tribological behaviours of PVD TiN and TiCN coatings in artificial seawater [J]. Surface & Coatings Technology, 2013, 226: 40~50.

[6] Vladescu A, Dinu M, Braic M, et al. The effect of TiSiN interlayers on the bond strength of ceramic to NiCr and CoCr alloys [J]. Ceramics International, 2015, 41 (6): 8051~8058.

[7] Pei F, Xu Y, Chen L, et al. Structure, mechanical properties and thermal stability of $Ti_{1-x}Si_xN$ coatings [J]. Ceramics International, 2018, 44: 15503~15508.

[8] Guan X, Wang Y, Zhang G, et al. Effects of intermediate Ar plasma treatments on CrN coating microstructures and property evolutions [J]. Surface and Interface Analysis, 2017; 49: 323~333.

[9] Bertoti I, Mohai M, Mayrhofer P H, et al. Surface chemical changes induced by low-energy ion bombardment in chromium nitride layers [J]. Surface & Interface Analysis, 2010, 34 (1): 740~743.

[10] Kunze C, Brugnara R H, Bagcivan N, et al. Surface chemistry of PVD (Cr, Al) N coatings deposited by means of direct current and high power pulsed magnetron sputtering [J]. Surface & Interface Analysis, 2013, 45 (13): 1884~1892.

[11] Ortmann S, Savan A, Gerbig Y, et al. In-process structuring of CrN coatings, and its influence on friction in dry and lubricated sliding [J]. Wear, 2003, 254: 1099~1105.

[12] Tung S C, Gao H. Tribological characteristics and surface interaction between piston ring coatings and a blend of energy-conserving oils and ethanol fuels [J]. Wear, 2003, 255: 1276~1285.

[13] Vetter J, Knaup R, Dwuletzki H, et al. Hard coatings for lubrication reduction in metal forming [J]. Surface and Coatings Technology, 1996, 86-87: 739~747.

[14] Gilewicz A, Warcholinski B, Myslinski P, et al. Anti-wear multilayer coatings based on chromium nitride for wood machining tools. Wear 2010, 270: 32~38.

[15] 林彩梅. 陶瓷轴承在高速机床中的应用研究 [J]. 设计与研究, 2010, 3: 17~29.

[16] 周泽华, 王家序. 陶瓷在水润滑轴承中的应用 [J]. 陶瓷工程, 2000, 6: 29~31.

[17] Chen M, Kato K, Adachi K. The difference in running-in period and friction coefficient between

self-mated Si_3N_4 and SiC under water lubrication [J]. Tribology Letters, 2001, 11: 23~28.

[18] Andersson P, Lintula P. Load-carrying capability of water-lubricated ceramic journal bearings [J]. Tribology International, 1994, 27: 315~321.

[19] 刘宁, 王建章, 陈贝贝, 等. 氧化铝陶瓷在海水润滑下的摩擦行为研究 [J]. 润滑与密封, 2013, 38: 55~59.

[20] Ye Y, Wang Y, Chen H, et al. Influences of bias voltage on the microstructures and tribological performances of Cr-C-N coatings in seawater [J]. Surface and Coatings Technology, 2015, 270: 305~313.

[21] Goretzki H, Rosenstiel PV, Mandziej S, et al. Small area MXPS- and TEM-measurements on temper-embrittled 12% Cr steel [J]. Analytical Chemistry, 1989, 333: 451~452.

[22] Dai W, Ke P L, Wang A Y. Microstructure and property evolution of Cr-DLC films with different Cr content deposited by a hybrid beam technique [J]. Vacuum 2011, 85: 792~797.

[23] Zhou F, Adachi K, Kato K. Friction and wear property of a-CN_x coatings sliding against ceramic and steel balls in water [J]. Diamond & Related Materials, 2005, 14 (10): 1711~1720.

[24] Bismarck A, Tahhan R, Springer J, et al. Influence of fluorination on the properties of carbon fibres [J]. Journal of Fluorine Chemistry, 1997, 84 (2): 127~134.

[25] Zhou F, Adachi K, Kato K. Friction and wear behavior of BCN coatings sliding against ceramic and steel balls in various environments [J]. Wear, 2006, 261 (3): 301~310.

[26] Zhou F, Chen K, Wang M, et al. Friction and wear properties of CrN coatings sliding against Si_3N_4 balls in water and air [J]. Wear, 2008, 265 (7-8): 1029~1037.

8 $Cr_{1-x}Al_xN$ 涂层结构及海水环境摩擦学性能

Al 含量显著地影响 CrN 涂层的结构与性能，如绪论中提到，Al 在 CrN 中存在一个使涂层发生相变的临界含量值，对于六方 AlN 相的出现会不会影响及怎样影响其海洋摩擦学性能等问题，国内外还鲜见报道，目前仅集中于研究 Al 含量对涂层结构、高温抗氧化性能等的影响，这些不足限制了涂层向更广阔领域的发展与应用。针对这一问题，本章在 316L 不锈钢基体上制备了多种铝含量的 $Cr_{1-x}Al_xN$ 涂层，考察不同 Al 含量对涂层结构及其在海水环境下的摩擦学性能影响，从而确定出 CrAlN 涂层的最佳 Al 含量。

8.1 制备与表征

8.1.1 CrAlN 涂层的制备

实验设备多弧离子镀系统（Hauzer Flexicoat F850），如图 8-1 所示。设备腔体八组靶位，每个靶位可安装 3 块靶，靶材的大小为 $\phi67mm \times 32mm$。转盘转动可以带动样品自转，使镀层均匀。在本实验中使用 1 号、2 号、4 号、5 号靶位，1 号与 4 号靶位安装 CrAl 合金靶，2 号和 5 号安装用于刻蚀的单质 Cr 靶。

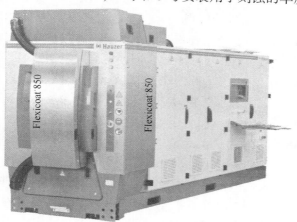

图 8-1 多弧离子镀（Hauzer Flexicoat F850）

基体前处理及制备过程与第3章相同。实验具体参数见表8-1，为了消除基体对涂层生长的影响及大颗粒贯穿至基体的现象，先沉积10min后再连续沉积，沉积时间共90min。

表8-1 CrAlN 涂层的沉积参数

参　　数	数　　值
工作气压/Pa	3
温度/℃	450
偏压/V	−40
电流/A	65
沉积时间/min	100
靶材含量（原子分数比）（Cr/Al）	67∶33、50∶50、33∶67、20∶80、10∶90

8.1.2　不同铝含量下 CrAlN 涂层的结构及力学性能表征

不同铝含量下 CrAlN 涂层的结构及力学性能表征与第3章相同。

8.1.3　不同铝含量下 CrAlN 涂层的摩擦学性能表征

不同铝含量下 CrAlN 涂层的摩擦学性能表征与第3章相同。

8.2　不同铝含量下 CrAlN 涂层的微观结构

图8-2为不同铝含量的 $Cr_{1-x}Al_xN$ 涂层 XRD 图谱，结果显示：CrN 呈现出具有(111)择优取向的面心立方结构，随着 Al 的加入，CrN(200)、(311)、(222)峰强逐渐减弱并有向高角度的轻微偏移，这是较大原子 Al（0.143nm）取代 Cr 原子（0.130nm）晶格位置使 CrN 产生畸变所引起的[1]。涂层出现六方硫化锌型 AlN 的临界铝含量值与文献 ［2］不同，即使铝含量为0.38时也有少量的六方 (Al,Cr)N 峰生成，并且峰 (002) 强度随 Al 含量的升高而增强；多晶向使得晶粒长大受到抑制，从而涂层晶粒得到细化，有利于涂层由 CrN 的柱状结构转变为致密的玻璃状结构；当 Al 含量大于65%时，涂层在30°~40°处的 AlN(002) 峰特别强，高铝 AlCrN 涂层（Al 含量大于65%）主要以六方 AlN (002) 形式存在。

图8-3为涂层的表面形貌及截面 SEM 图，涂层表面分布着许多颗粒以及少量针孔，分别由靶材表面的微小熔池产生的强烈喷发和在镀膜过程中大颗粒再次被溅射脱落造成，这是阴极弧离子镀的主要特征之一[3-5]。由表8-2和图8-3看出，铝含量为0.38的涂层表面最为粗糙，而随着铝含量的再次升高，涂层表面又逐

8.2 不同铝含量下 CrAlN 涂层的微观结构

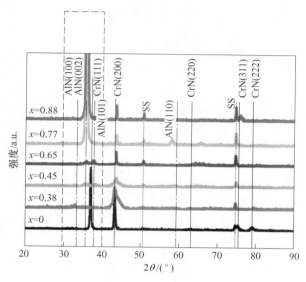

图 8-2 $Cr_{1-x}Al_xN$ 涂层的 XRD 谱

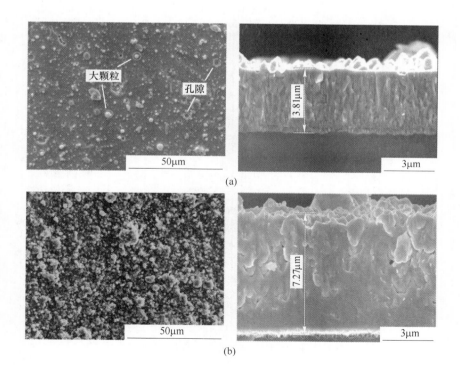

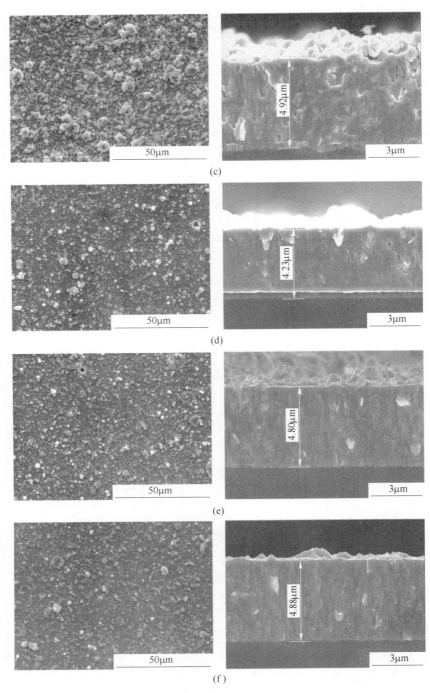

图 8-3 $Cr_{1-x}Al_xN$ 涂层的表面及断面 SEM 图

(a) CrN; (b) $Cr_{0.62}Al_{0.38}N$; (c) $Cr_{0.55}Al_{0.45}N$; (d) $Cr_{0.35}Al_{0.65}N$; (e) $Cr_{0.23}Al_{0.77}N$; (f) $Cr_{0.12}Al_{0.88}N$

渐变光滑。由 CrAl 合金相图可知，Al 含量越高，合金液相线对应的温度越低，然而，高 Al 合金 CrAl 靶在含氮气氛围下的沉积过程中，靶的表面会生成高熔点的 AlN（>2200℃）"毒化" 靶材[6]，减少了靶材液滴强烈的喷发，从而使涂层表面的粗糙度随着铝含量的增加先增后减。CrN 涂层表现为明显的柱状结构，而 CrAlN 涂层则为致密的玻璃状组织，涂层厚度与大颗粒数量的变化趋势一致。

表 8-2 涂层成分与力学性能

涂层	粗糙度 R_a/μm	厚度/μm	硬度 H/GPa	模量 E/GPa	H/E	(H^3/E^2)/GPa
CrN	0.12	3.81	20.8	315.8	0.066	0.090
$Cr_{0.62}Al_{0.38}N$	0.40	7.27	23.6	317.6	0.074	0.130
$Cr_{0.55}Al_{0.45}N$	0.26	4.92	28.5	420.0	0.068	0.131
$Cr_{0.35}Al_{0.65}N$	0.13	4.23	26.2	321.7	0.081	0.174
$Cr_{0.23}Al_{0.77}N$	0.10	4.80	15.1	284.6	0.053	0.043
$Cr_{0.12}Al_{0.88}N$	0.08	4.88	12.2	194.8	0.063	0.048

8.3 不同铝含量下 CrAlN 涂层的力学性能

不同 Al 含量对 CrAlN 涂层的硬度和弹性模量的影响见表 8-2，随着铝含量的增加，这两个值均先增大后减小，Al 含量在 45% 时涂层具有最大的硬度和弹性模量，分别为 28.5GPa 和 420GPa。Al 含量大于 45% 的 CrAlN 涂层之所以硬度下降主要是软质六方 AlN 相的生成所导致的。而涂层在 Al 含量为 65% 时具有最高的 H/E 和 H^3/E^2 比值，分别为 0.082 和 0.174，说明 $Cr_{0.35}Al_{0.63}$ 涂层有最佳的力学性能[7~9]。

图 8-4 为各涂层结合力的划痕测试结果，根据声发射信号和光学显微镜确定 $Lc1$、$Lc2$。其中 $Lc1$ 代表初始裂纹的形成，$Lc2$ 对应于涂层发生大面积的破坏性失效。由图 8-4 可知 CrN、$Cr_{0.62}Al_{0.38}N$、$Cr_{0.55}Al_{0.45}N$、$Cr_{0.35}Al_{0.65}N$、$Cr_{0.22}Al_{0.68}N$、$Cr_{0.12}Al_{0.88}N$ 出现微裂纹的临界加载力 F_n 分别为 29.0N、25.9N、24.1N、26.0N、17.5N、17.3N。高铝涂层由于硬度较低，承载力不足，过早地出现了初始裂纹。随着 Al 含量升高，在 $Lc1$ 之后涂层出现的白亮区增多，这是因为 Al 含量的增加使晶格畸变更为严重，内部应力增大，使涂层产生裂纹并导致剥落[10]。对 $x=0.65$ 的涂层划痕尾端内的深色区和白亮区进行能谱分析，结果显示：深色区与膜成分相同，而白亮区仍有较高膜成分，但 Al 含量减为 0.45（<0.65），可能是由于涂层被刮划至很薄，薄至远小于 EDX 的探测深度，从而检测到基体 316L 不锈钢中的各元素信号。这表明涂层的白亮区并非膜基间的剥落，且涂层与基体具有很好的结合力。

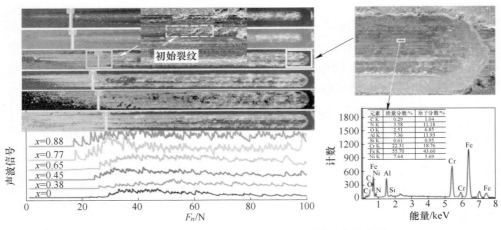

图 8-4　$Cr_{1-x}Al_xN$ 涂层划痕测试后的形貌及声波信号

8.4　不同铝含量下 CrAlN 涂层的摩擦学性能

图 8-5 为各涂层在大气及海水环境下与 WC 陶瓷对磨的摩擦系数 COF 与滑动时间 t 的变化关系曲线。CrN 在干摩擦最初阶段的摩擦系数有一段 V 字型，这是由于在加载力的往复摩擦下大颗粒被去除，磨痕呈抛光效应，但又不能及时排除，从而导致摩擦系数重新上升。从磨痕形貌图 8-8（a）也可看出，CrN 存在明显的黏着磨损。$Cr_{0.35}Al_{0.65}N$ 涂层跑合期较长，摩擦系数最后稳定在 0.6 左右。$Cr_{0.62}Al_{0.38}N$ 涂层最后阶段有小幅度的上升，这是涂层在加载力反复作用下发生疲劳磨损并产生大量龟裂纹所导致的。$Cr_{0.23}Al_{0.77}N$、$Cr_{0.12}Al_{0.88}N$ 涂层的摩擦数最小，可能由于 Al 含量较高使表面生成了具有润滑作用的 Al_2O_3 氧化膜。摩擦过程中涂层表面越来越光滑，在海水介质下涂层的润滑机理转为混合或液体动力润滑；而且随着摩擦的进行，摩擦界面上发生摩擦化学反应，生成具有润滑性能的乳浊产物 $CaCO_3$、$MgCO_3$ 以及铝的水合化合物等[11]，使涂层摩擦系数降幅高达 30%~70%。CrN 由于致密光滑的表面，跑合期很短，这是涂层上的孔洞消失以及摩擦中大颗粒脱落所导致的。对于结构疏松、含有较多大颗粒的 $Cr_{0.62}Al_{0.38}N$ 和 $Cr_{0.55}Al_{0.45}N$ 涂层，两者摩擦系数下降幅度最小，稳定在 0.4 左右，在后期两者都出现小幅度的上升，这是由于海水经疏松的结构进入涂层内部，减弱了大颗粒与涂层间的结合，使大颗粒脱落造成摩擦系数的上升；而 $Cr_{0.35}Al_{0.65}N$ 及更高 Al 含量的涂层，其摩擦系数下降幅度最大，并在整个摩擦过程中持续下降，这是由于高铝含量的涂层中 AlN 相在摩擦过程中很容易生成氧化铝的水合化合物[12]，且其生成速率大于其被摩擦去除的速率，大大降低涂层摩擦系数。

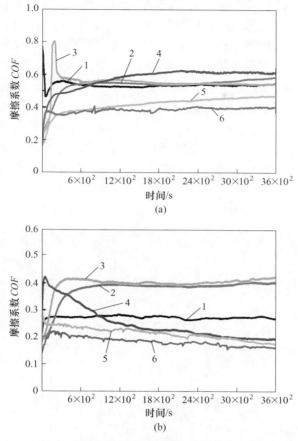

图 8-5 $Cr_{1-x}Al_xN$ 涂层在大气环境及海水环境下的摩擦系数
(a) 大气环境；(b) 海水环境
1—CrN；2—$Cr_{0.62}Al_{0.38}N$；3—$Cr_{0.55}Al_{0.45}N$；
4—$Cr_{0.35}Al_{0.65}N$；5—$Cr_{0.23}Al_{0.77}N$；6—$Cr_{0.12}Al_{0.88}N$

海水作为一种腐蚀介质，使得服役的摩擦零部件同时受到海水腐蚀的影响，而摩擦时生成的反应产物又可能影响摩擦机理。对比干摩擦和海水摩擦下的磨痕形貌（见图 8-6 和图 8-7）发现：在干摩擦下，CrN 磨痕中有大量的黏着现象，这是由于 CrN 的硬度较低且韧性较好，磨屑发生塑性变形并黏附在磨痕中，最后又被摩擦副给拉扯带出，主要的磨损机制为黏着磨损。$Cr_{0.62}Al_{0.38}N$ 磨痕内有少许的犁沟和大量的裂纹，这是由于大颗粒间隙在加载力的作用下容易成为裂纹源，经放大 5000 倍发现，绝大多数被碾压而发生塑性变形的白色大颗粒分布在裂纹上。$Cr_{0.55}Al_{0.45}N$ 磨痕虽没有大量的裂纹但出现了较多的犁沟，主要为磨粒磨损机制，这是由于涂层硬度及致密度都较 $Cr_{0.62}Al_{0.38}N$ 涂层略高的缘故。

$Cr_{0.35}Al_{0.65}N$ 涂层因组织结构致密且有较高的硬度，磨痕光滑且宽度最窄。$Cr_{0.23}Al_{0.77}N$ 和 $Cr_{0.12}Al_{0.88}N$ 涂层由于硬度较低，有明显的塑性变形，磨痕宽度比其他涂层更宽。在海水中，CrN 磨痕表面有少量的点蚀坑（见图 8-7（a））。从放大图可以看出，有白色结晶体在裂缝处析出，说明此处易积存海水并且浓度较高；$Cr_{0.62}Al_{0.38}N$ 和 $Cr_{0.55}Al_{0.45}N$ 涂层磨痕中有大量网状的龟裂纹，其中，疏松的 $Cr_{0.62}Al_{0.38}N$ 涂层表面裂纹密度较高，这为海水的渗入创造了条件，提高了磨损率；组织致密的 $Cr_{0.35}Al_{0.65}N$ 涂层磨痕浅且窄；而更高 Al 含量的 $Cr_{0.23}Al_{0.77}N$ 和 $Cr_{0.12}Al_{0.88}N$ 涂层磨痕表面存在大面积剥落，这是由于这两种涂层的相组成主要为 AlN，其他能和水反应生成 $Al(OH)_3$ 和 NH_3，该反应过去曾被用于生产氨水[12]，具体水解反应方程式为：

$$AlN + H_2O \longrightarrow Al(OH)_3 + NH_3$$

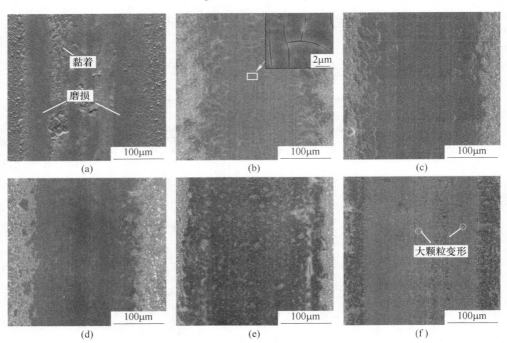

图 8-6　$Cr_{1-x}Al_xN$ 涂层在大气环境下摩擦过后的磨痕形貌

(a) CrN；(b) $Cr_{0.62}Al_{0.38}N$；(c) $Cr_{0.55}Al_{0.45}N$；
(d) $Cr_{0.35}Al_{0.65}N$；(e) $Cr_{0.23}Al_{0.77}N$；(f) $Cr_{0.12}Al_{0.88}N$

从磨痕断面轮廓图 8-8 可以看出，Al 含量低于 65% 时，干摩擦下的磨痕宽度是海水环境下的两倍左右，所有的磨痕深度都小于 2μm，且没有被磨穿。同时，无论是在大气环境下还是在海水环境下，$Cr_{0.35}Al_{0.65}N$ 涂层的磨痕深度都最小

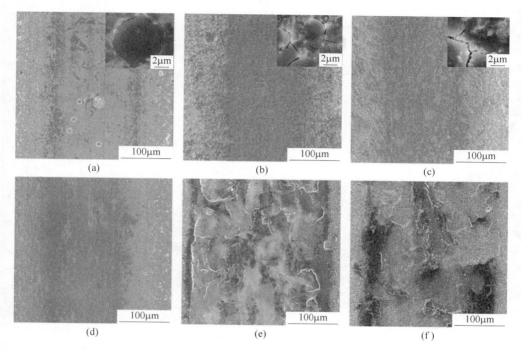

图 8-7 $Cr_{1-x}Al_xN$ 涂层在海水环境下摩擦过后的磨痕形貌

(a) CrN; (b) $Cr_{0.62}Al_{0.38}N$; (c) $Cr_{0.55}Al_{0.45}N$;
(d) $Cr_{0.35}Al_{0.65}N$; (e) $Cr_{0.23}Al_{0.77}N$; (f) $Cr_{0.12}Al_{0.88}N$

(小于 1μm),这主要归功于涂层在较高硬度的基础上有致密的结构,减轻或避免了海水对涂层的侵蚀。对于粗糙的 $Cr_{0.62}Al_{0.38}N$ 和 $Cr_{0.55}Al_{0.45}N$ 涂层而言,在干摩擦下,由于硬度在磨损方面仍为主要控制因素,磨痕深度略低于较软的 CrN 涂层;而在海水环境下,结构致密性成了主要的控制因素,海水从疏松的结构间隙渗入进而削弱膜的结合,易使涂层在摩擦过程中剥离,磨痕深度大大高于 CrN 和 $Cr_{0.35}Al_{0.65}N$ 涂层。当 Al 含量高于 65% 时,涂层在海水中磨痕深度超过 4μm,基本上完全剥落。

图 8-9 为涂层在大气及海水环境下的磨损率。干摩擦下,$Cr_{1-x}Al_xN$ 涂层的磨损率都低于 CrN 涂层。随着 Al 含量的升高,磨损率先降低后上升。在海水中,当 Al 含量低于 65% 时,致密度越差的涂层磨损率越高,这表明在海水环境下涂层组织结构的致密性对磨损率起主导作用。硬度较大且结构致密的 $Cr_{0.35}Al_{0.65}N$ 涂层磨损率最小,在大气和海水环境下的磨损率分别为 $1.26×10^{-6}$ mm^3/(N·m) 和 $9.13×10^{-7}$ mm^3/(N·m)。

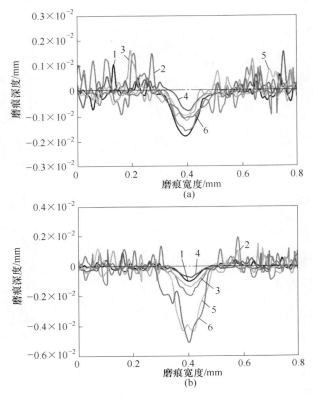

图 8-8　$Cr_{1-x}Al_xN$ 涂层在不同环境摩擦过后的横断面轮廓

(a) 大气环境；(b) 海水环境

1—CrN；2—$Cr_{0.62}Al_{0.38}N$；3—$Cr_{0.55}Al_{0.45}N$；4—$Cr_{0.35}Al_{0.65}N$；5—$Cr_{0.23}Al_{0.77}N$；6—$Cr_{0.12}Al_{0.88}N$

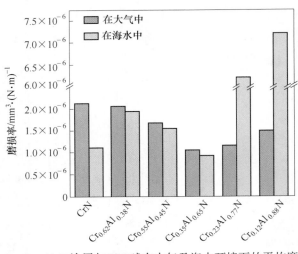

图 8-9　$Cr_{1-x}Al_xN$ 涂层与 WC 球在大气及海水环境下的平均磨损率

参 考 文 献

[1] Kim S K, Le V V, Vinh P V, et al. Effect of cathode arc current and bias voltage on the mechanical properties of CrAlSiN thin films [J]. Surface and Coatings Technology, 2008, 202: 5400~5404.

[2] Reiter A E, Derflinger V H, Hanselmann B, et al. Investigation of the properties of $Al_{1-x}Cr_xN$ coatings prepared by cathodic arc evaporation [J]. Surface and Coatings Technology, 2005, 200: 2114~2122.

[3] Hu P, Jiang B. Study on tribological property of CrCN coating based on magnetron sputtering plating technique [J]. Vacuum, 2011, 85: 994~998.

[4] Shan L, Wang Y, Li J, et al. Tribological behaviours of PVD TiN and TiCN coatings in artificial seawater [J]. Surface & Coatings Technology, 2013, 226: 40~50.

[5] Ye Y W, Wang Y X, Chen H, et al. Influences of bias voltage on the microstructures and tribological performances of Cr-C-N coatings in seawater [J]. Surface & Coatings Technology, 2015, 270: 305~313.

[6] Tien S K, Lin C H, Tsai Y Z, et al. Effect of nitrogen flow on the properties of quaternary CrAlSiN coatingsat elevated temperatures [J]. Surface and Coatings Technology, 2007, 202: 735~739.

[7] Kim Y J, Lee H Y, Byun T J, et al. Microstructure and mechanical properties of TiZrAlN nanocomposite thin films by CFUBMS [J]. Thin Solid Films, 2008, 516: 3651~3655.

[8] Guan X Y, Wang L P. The tribological performances of multilayer graphite-like carbon (GLC) coatings sliding against polymers for mechanical seals in water environments [J]. Tribology Letters, 2012, 47: 67~78.

[9] Guan X Y, Lu Z B, Wang L P. Achieving high tribological performance of graphite-like carbon coatings on Ti_6Al_4V in aqueous environments by gradient interface design [J]. Tribology Letters, 2011, 44: 315~325.

[10] 聂朝胤, 安藤彰朗. 电弧离子镀 CrSiN 薄膜的内应力控制与厚膜化 [J]. 材料热处理学报, 2010, 31: 119~123.

[11] 单磊, 王永欣, 李金龙, 等. CrN 和 CrAlN 涂层海水环境摩擦学性能研究 [J]. 2014, 34: 468~476.

[12] 姜澜, 邱明放, 丁友东, 等. 铝灰中 AlN 的水解行为 [J]. 中国有色金属学报, 2012, 22: 3556~3562.

9 沉积偏压对 CrAlN 涂层结构及海水环境摩擦学性能的影响

在镀膜系统中，偏压是一个很重要的参数，膜沉积过程中溅射离子的能量将正比于沉积偏压，这将显著影响涂层的成分、结构及各方面性能。本章通过改变沉积偏压(-20~-100V)继续优化 CrAlN 涂层结构与性能，进一步改善 CrAlN 涂层在海水中的摩擦学性能。

9.1 制备与表征

9.1.1 CrAlN 涂层的制备

基体的前处理及涂层的制备与第 8 章相同，实验具体参数见表 9-1。

表 9-1 CrAlN 涂层的沉积参数

参数	数值
工作气压/Pa	3
温度/℃	450
偏压/V	-20、-40、-60、-80、-100
电流/A	65
沉积时间/min	100
靶材含量（原子分数比）（Cr/Al）	67∶33

9.1.2 不同沉积偏压下 CrAlN 涂层的结构及力学性能表征

不同沉积偏压下 CrAlN 涂层的结构及力学性能表征与第 3 章相同。

9.1.3 不同沉积偏压下 CrAlN 涂层的摩擦学性能表征

不同沉积偏压下 CrAlN 涂层的摩擦学性能表征与第 3 章相同。

9.2 不同沉积偏压下 CrAlN 涂层的微观结构

图 9-1 为 5 种沉积偏压下的涂层表面形貌。如图 9-1 所示，在-20V 时，涂层

表面布满了大小不一的颗粒。随着偏压的增大,涂层表面的颗粒尺寸逐渐减小,而颗粒的数量呈现出先减后增的趋势。如图9-1(d)和(e),在-100V时涂层表面的颗粒数量比-80V时多,而且颗粒大小和形状更加均匀。这是由于沉积偏压增大,被加速的离子能量增大,对涂层表面的反溅射能力增强,削减颗粒的大小及数量;而偏压继续增加,颗粒很快地到达基体表面,反而使颗粒数量增加,同时离子对大颗粒的轰击作用也增强,使得颗粒形状近于球形[1~3]。

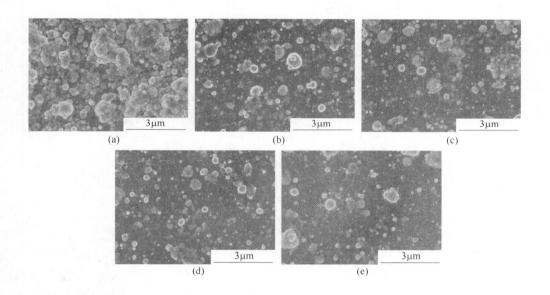

图 9-1 CrAlN 涂层的 SEM 形貌
(a) -20V;(b) -40V;(c) -60V;(d) -80V;(e) -100V

图9-2是涂层的断面SEM图。靠近基体部分的涂层呈现柱状结构,远离基体的部分呈玻璃状结构,并且随着偏压的增大,柱状结构越少,涂层结构越均匀。这是由于偏压增大,粒子能量增强,使其有足够的迁移能力且对基体产生加热效应,从而减少了涂层的柱状结构[4]。一般而言,致密的玻璃状结构有更好的腐蚀性能,避免了柱状结构为腐蚀介质提供渗入通道的机会[5~8]。从图9-2看出,随着沉积偏压的增大,涂层的厚度呈减小的趋势,但在-20~-80V偏压下,涂层厚度变化并不明显,说明此时离子溅射作用并不显著,且偏压不足以影响涂层的沉积速率。而当偏压为-100V时,离子的反溅射作用增强,涂层厚度急剧减小。因此,涂层在-80V时具有最致密均匀的结构,并保持了较大的厚度。

图9-3为涂层的XRD图谱。CrAlN涂层由CrN和AlN两相构成,在-20V偏压下,涂层 AlN(002) 呈现出明显的择优取向生长。随着偏压的增大,

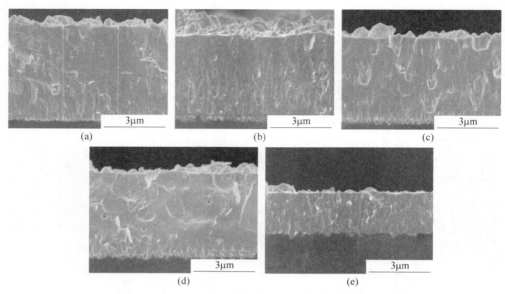

图 9-2 CrAlN 涂层在不同偏压下的断面形貌
(a) -20V；(b) -40V；(c) -60V；(d) -80V；(e) -100V

AlN(002)峰强度减弱，而 CrN(111)、(200)峰值逐渐加强。偏压越大，涂层沉积时的粒子轰击能量升高，导致表面能增加，所以涂层向表面能减少的晶面指数转变，同时峰向小角度略微偏移。这是由于随着偏压的增大，粒子的迁移能力增强，原子进入晶格的能力也相应增强，导致晶胞参数的改变，衍射峰整体偏移。

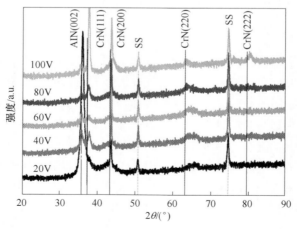

图 9-3 CrAlN 涂层的 XRD 图谱

9.3 不同沉积偏压下 CrAlN 涂层的力学性能

图 9-4 为涂层的纳米压痕硬度曲线。涂层的硬度取顶点平台处，经发现，各硬度无明显变化。在 -20V 时涂层硬度较低且随压入深度先增后减，这是由于 -20V 时涂层的粗糙度太大，表面存在很多由颗粒之间造成的间隙。随着压入的进行，表面间隙消失进而使涂层的承载力提高，因此偏压为 -20V 时涂层的硬度曲线中途上升并与其他涂层硬度趋于一致。

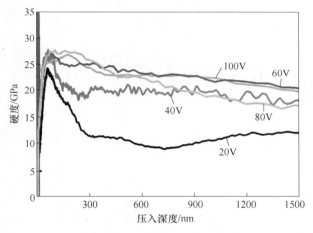

图 9-4　CrAlN 涂层在不同偏压下的纳米压痕硬度曲线

图 9-5 为不同偏压下 CrAlN 涂层的结合力测试结果。在偏压为 -20V 时，涂层在 16N 左右出现了层状剥落。低偏压下过早出现失效主要是因为粗糙度过大，

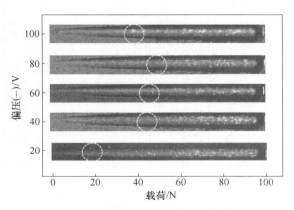

图 9-5　CrAlN 涂层在不同偏压下的结合力

大颗粒之间的缝隙在力的作用下容易形成裂纹源，过多的颗粒使裂纹很快汇集并使涂层发生剥落。随着偏压的增大，涂层表面越光滑，涂层的临界载荷升高。在-80V时，涂层的结合力最好。随后进一步增大偏压，由于应力的增大导致脆性增加，涂层的结合力有所下降[9]。

9.4 不同沉积偏压下 CrAlN 涂层的摩擦学性能

图 9-6 为各涂层的摩擦系数曲线。在干摩擦下，涂层摩擦系数的整体趋势变化不大，涂层经历的跑合期长短与涂层表面的粗糙度有关；偏压为-20V 时涂层

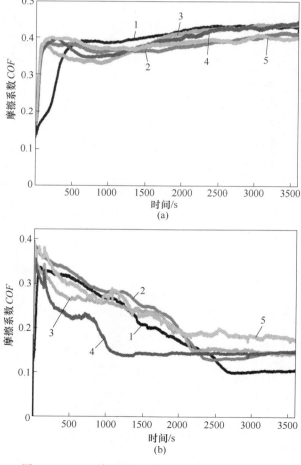

图 9-6　CrAlN 涂层在不同偏压下的摩擦系数曲线
（a）大气；（b）海水
1——-20V；2——-40V；3——-60V；4——-80V；5——-100V

粗糙度最大，对应其摩擦系数经历的跑合期最长。在海水中，由于其润滑作用，所有涂层的摩擦系数均大幅下降。当偏压为-20V时，涂层的跑合期占整个摩擦时间的75%左右，并在稳定期达到最低的摩擦系数。当偏压为-80V时，涂层最光滑，跑合期最短，摩擦系数最后稳定在0.15。偏压在-100V时，涂层表现出最高的摩擦系数，结合图9-6分析发现，涂层在海水环境下产生局部剥落，从而使摩擦系数升高。

图9-7和图9-8分别为涂层在大气及海水环境中的磨痕形貌。在大气环境下，-20V和-40V的涂层由于较大的粗糙度，增加了大颗粒脱落的风险，进而加大了涂层的三体磨粒磨损。从图9-7（a）和（b）中可以看出，磨痕表面存在一定的犁沟与磨屑。随着偏压的增大，涂层磨痕更加光滑，而在-100V偏压下的磨痕内有大量的微裂纹，且磨痕两边存在大量磨屑，这是由于在较大偏压下，涂层内应力增加，在高载荷的作用下涂层发生了疲劳磨损[9~11]。在海水环境下，具有腐蚀性的离子经过裂纹渗入涂层中进而削弱膜基结合的强度，使涂层发生剥落（见图9-8（e））。涂层在-80V偏压下的磨痕宽度最窄且最为光滑，表现出较好的耐磨性。

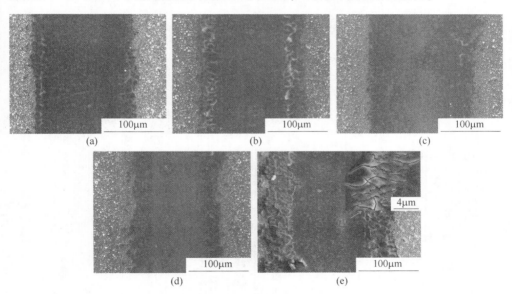

图9-7　CrAlN涂层在大气环境下的磨痕形貌
(a) -20V；(b) -40V；(c) -60V；(d) -80V；(e) -100V

图9-9是不同偏压下CrAlN涂层在大气和海水环境中的磨损率，其中-100V时的磨损率是在非剥落处测得的结果。从图9-9中看出，在-80V时涂层磨损率最小，大气环境和海水环境的磨损率基本一样（$6.58 \times 10^{-6} \mathrm{mm}^3/(\mathrm{N} \cdot \mathrm{m})$）。偏压由-20V增加到-80V时，涂层的磨损率和表面粗糙度成正相关性，由于磨损主要

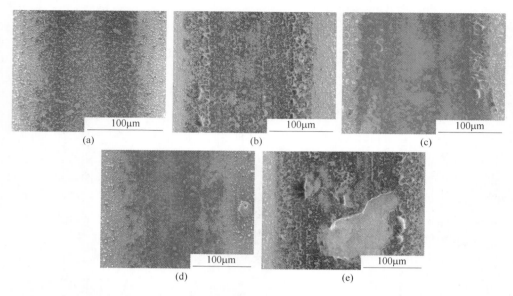

图 9-8　CrAlN 涂层在海水环境下的磨痕形貌

(a) -20V；(b) -40V；(c) -60V；(d) -80V；(e) -100V

是发生在跑合期，粗糙度越大会加剧磨粒磨损，进而延长跑合期。而在 -100V 时，由于涂层内应力较大，大气环境下疲劳磨损严重，产生大量裂纹和磨屑；海水环境下，腐蚀介质的渗入削弱涂层和基体的结合强度，产生严重的剥落现象，导致磨损率加大。

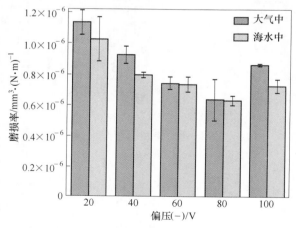

图 9-9　CrAlN 涂层大气及海水下的平均磨损率

参 考 文 献

[1] Almer J, Odén M, H. Kansson G. Microstructure, stress and mechanical properties of arc-evaporated Cr-C-N coatings [J]. Thin Solid Films, 2001, 385 (1-2): 190~197.

[2] Lin J, Sproul W D, Moore J J, et al. Effect of negative substrate bias voltage on the structure and properties of CrN films deposited by modulated pulsed power (MPP) magnetron sputtering [J]. Journal of Physics D Applied Physics, 2011, 44 (42): 425305~425315 (11).

[3] Tlili B, Mustapha N, Nouveau C, et al. Correlation between thermal properties and aluminum fractions in CrAlN layers deposited by PVD technique [J]. Vacuum 2010, 84: 1067~1074.

[4] Ye Y, Wang Y, Chen H, et al. Influences of bias voltage on the microstructures and tribological performances of Cr-C-N coatings in seawater [J]. Surface and Coatings Technology, 2015, 270: 305~313.

[5] Essen P V, Hoy R, Kamminga J D, et al. Scratch resistance and wear of CrN_x coatings [J]. Surface & Coatings Technology, 2006, 200 (11): 3496~3502.

[6] Shan L, Wang Y, Li J, et al. Effect of N_2 flow rate on microstructure and mechanical properties of PVD CrN_x coatings for tribological application in seawater [J]. Surface and Coatings Technology, 2014, 242: 74~82.

[7] Dai W, Ke P, Wang A. Influence of bias voltage on microstructure and properties of Al-containing diamond-like carbon films deposited by a hybrid ion beam system [J]. Surface and Coatings Technology, 2013, 229: 217~221.

[8] Ahn S H, Choi Y S, Kim J G, et al. A study on corrosion resistance characteristics of PVD Cr-N coated steels by electrochemical method [J]. Surface & Coatings Technology, 2002, 150 (2-3): 319~326.

[9] Hu P, Jiang B. Study on tribological property of CrCN coating based on magnetron sputtering plating technique [J]. Vacuum, 2011, 85 (11): 994~998.

[10] Wang Y, Wang L, Xue Q. Controlling wear failure of graphite-like carbon film in aqueous environment: Two feasible approaches [J]. Applied Surface Science, 2011, 257: 4370~4376.

[11] Wang Y, Wang L, Xue Q. Improvement in the tribological performances of Si_3N_4, SiC and WC by graphite-like carbon film under dry and water-lubricated sliding conditions [J]. Surface & Coatings Technology, 2011, 205: 2770~2777.

[12] Wang Y, Wang L, Zhang G, et al. Effect of bias voltage on microstructure and properties of Tidoped graphite-like carbon films synthesized by magnetron sputtering [J]. Surface & Coatings Technology, 2010, 205: 793~800.

10 不同陶瓷配副与 CrAlN 涂层海水环境下的摩擦学性能

混合陶瓷球轴承具有低密度、耐磨、自润滑性好等特点，广泛应用于高速精密轴承中。混合陶瓷球轴承定义为轴承的内外圈和滚动体有一部分不是采用陶瓷材料，应用比较广泛的是内外圈为钢圈（轴承钢或不锈钢）和陶瓷球混合的轴承[1,2]。滚动体陶瓷有 ZrO_2、Si_3N_4、SiC 和 Al_2O_3 等材料，最常见的混合陶瓷球轴承是装有 Si_3N_4 球的角接触轴承。陶瓷轴承相对普遍的钢轴承而言，质量较轻，摩擦系数较低，抗腐蚀能力较强，可以长时间工作于腐蚀性的酸、碱、盐溶液中。在混合陶瓷球轴承中的不锈钢上镀上硬质涂层，既可以加强钢的硬度提高其抗摩擦抗腐蚀性能，延长零部件的寿命，又保持了其成本优势。

通过文献调研发现（见表 10-1），关于 CrAlN 涂层所用的摩擦配副不尽相同，而且涂层的沉积方法、基体、测试参数、测试条件也不相同。这就不能将其综合起来加以比较，难以确定不同环境下选用何种合适的摩擦配副。针对这一问题，本章选用前两章所确定的最佳性能的 CrAlN 涂层与 5 种常见的商用陶瓷进行摩擦学研究，分析讨论其在不同环境下的摩擦机理，寻求海水环境 CrAlN 涂层的最佳配副材料。

表 10-1 文献中涂层研究实验条件

文　献	沉积方法	基　体	对磨副	测试参数	环　境
Mo[3]	多弧离子镀	碳质合金	Si_3N_4	10m/min, 5N	大气
Pulugurtha[4]	磁控溅射	钢，WC	Al_2O_3	0.1m/s, 5N	大气
Bobzin[5]	多弧离子镀	100Cr6	Al_2O_3, Si_3N_4	5cm/s, 5N	大气
Shan[6]	多弧离子镀	316L	WC	5cm/s, 5N	大气、海水

10.1 制备与表征

10.1.1 CrAlN 涂层的制备

基体的前处理与涂层的制备过程与第 8 章相同，实验具体参数见表 10-2。

表 10-2 CrAlN 涂层的沉积参数

参　数	数　值
工作气压/Pa	3
温度/℃	450
偏压/V	−80
电流/A	65
沉积时间/min	100
靶材含量(原子分数比)(Cr/Al)	67∶33

10.1.2　不同陶瓷配副与 CrAlN 涂层的摩擦学性能表征

CrAlN 涂层的摩擦学性能表征与第 8 章相同，陶瓷球性能见表 10-3。

表 10-3　5 种陶瓷性能

材料	硬度/GPa	弹性模量/GPa	泊松比	最大接触应力/GPa
Si_3N_4	15	300	0.26	1.31
SiC	28	440	0.17	1.41
WC	14	650	0.22	1.50
Al_2O_3	16	340	0.22	1.34
ZrO_2	12	210	0.30	1.20

10.2　不同陶瓷配副与 CrAlN 涂层的摩擦学性能

图 10-1 为大气和海水环境下 CrAlN 涂层与各陶瓷间的摩擦系数。大气环境下，各摩擦系数之间差别很大，摩擦系数最大为 CrAlN/ZrO_2，达到 0.74 左右，并且在整个过程中缓慢上升。CrAlN/SiC 摩擦系数最小，并很快进入了稳定期，维持在 0.34 左右，而且在后期呈现出轻微的下降趋势。而对于同为硅系陶瓷的 Si_3N_4 而言，其摩擦系数开始很高(0.7)，之后随摩擦的进行一直缓慢减小，说明 Si_3N_4 和 SiC 虽同为硅系陶瓷，但有着不同的摩擦机理。CrAlN/WC 摩擦系数先减后增，最后维持在 0.47 左右。CrAlN/Al_2O_3 摩擦系数从 0.55 降到 0.41 左右。在海水环境下，由于液体润滑及摩擦化学产物的共同作用，使所有摩擦系数都有不同程度的降低[7,8]。CrAlN/Si_3N_4、CrAlN/SiC、CrAlN/WC、CrAlN/Al_2O_3 和 CrAlN/ZrO_2 的平均摩擦系数分别为 0.312、0.256、0.298、0.313、0.491，相对

于大气环境下分别降低了 50%、26.9%、34.5%、28.4%、33.6%。其中，CrAlN/Si_3N_4 摩擦系数在海水中降幅最大，而 CrAlN/SiC 降幅最小，在摩擦后期两者的摩擦系数相接近。

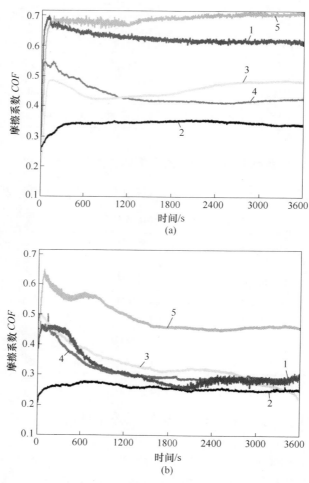

图 10-1　CrAlN 涂层在大气及海水中摩擦系数曲线
(a) 大气；(b) 海水
1—Si_3N_4；2—SiC；3—WC；4—Al_2O_3；5—ZrO_2

图 10-2 为大气和海水环境下各涂层的磨痕轮廓，在大气环境下，除了与 ZrO_2 对磨外，其他的磨痕深度皆小于 1μm，该值远小于相应涂层的厚度（4.32μm）；在海水环境下，所有磨痕深度均小于 1μm。在所有陶瓷中，与 SiC 对磨的 CrAlN 涂层在两种环境下的磨痕最浅。磨痕内轮廓线的抖动说明磨痕内发生了黏附或者产生了严重犁沟。从图 10-2 中可以看出，大气环境下 CrAlN/SiC 磨

痕有明显的高低起伏，而在海水环境下 CrAlN/Si₃N₄ 磨痕中起伏明显，这些主要是摩擦化学反应的程度和产物的分布所导致的，具体原因将在后面讨论。

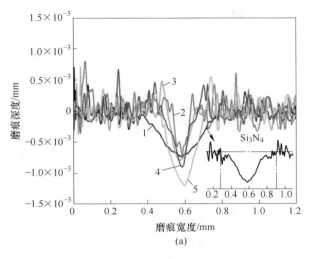

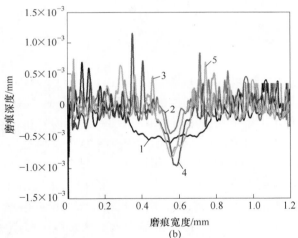

图 10-2　CrAlN 涂层在大气及海水下的磨痕轮廓
(a) 大气；(b) 海水
1—Si₃N₄；2—SiC；3—WC；4—Al₂O₃；5—ZrO₂

图 10-3 为 CrAlN 涂层在大气及海水环境中的磨损率。由图 10-3 可知，涂层在海水中的磨损率大多数比在大气环境下的低，其中 CrAlN/SiC 在两种环境下的磨损率较为接近，且在所有组合中最小，为 6.35×10^{-7} mm³/(N·m) 左右，说明海水对 CrAlN/SiC 磨损率影响不大。在两种环境下，虽然 CrAlN/Si₃N₄ 的磨痕深度并非最大，但表现出最大的磨损率，分别为 2.65×10^{-6} mm³/(N·m)、

$1.85×10^{-6} mm^3/(N·m)$。CrAlN/Al_2O_3 磨损率与其他不同，其在海水中的磨损率反而大于大气环境下的磨损率。这是由于海水对氧化铝具有侵蚀作用，弱化 Al—O[9]，涂层剥落，进而发生磨粒磨损。从图 10-3(c) 可以看出，磨痕内有明显的犁沟。

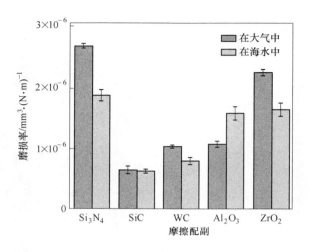

图 10-3 CrAlN 涂层在大气及海水中的平均磨损率

图 10-4 是 CrAlN 涂层的磨痕形貌。如图 10-4 所示，CrAlN/Si_3N_4 磨痕宽度最宽，尤其在大气环境下的宽度是其他磨痕的两倍左右。CrAlN/Si_3N_4 磨痕内部光滑，磨痕两侧堆积了大量疏松的细屑；CrAlN/SiC 磨痕内分布着不完整的氧化膜，能对摩擦起到一定的减磨作用；大气下的 CrAlN/WC 磨痕宽度最窄，经能谱分析，在磨痕内部存在大量的 Co 元素，说明作为黏结剂的金属 Co 黏附在磨痕内，降低剪切力，进而起到润滑作用。CrAlN/Al_2O_3 磨痕在大气环境下光滑平整，而在海水中产生了很多的犁沟和小坑洞，磨损机制主要为磨粒磨损。

图 10-5 是各对配副在大气与海水环境下的磨斑形貌。由图 10-5 看出，在大气环境下 Si_3N_4 磨斑面积最大且光滑，WC 球磨斑面积较小，但存在明显的犁沟，这主要是软质相金属钴转移到涂层的磨痕上，使 WC 硬质相凸出造成的。ZrO_2 磨斑表面有少量的犁沟且边缘有裂纹的产生，这是由于纯的 ZrO_2 不稳定，在摩擦过程中由于应力和摩擦热的作用下易诱发相变行为[9]，这个过程中往往伴随着裂纹的产生，使得 CrAlN/ZrO_2 涂层发生较为严重的磨粒磨损，摩擦系数及磨损率升高；而在海水中，水的冷却作用带走了摩擦热从而抑制了相变，并降低了磨粒磨损作用。在海水下的 Al_2O_3 磨斑表面有大面积的微坑，说明海水对 Al_2O_3 具有一定的侵蚀作用。在海水作用下 Al_2O_3 吸附脆化[9]，导致块体的剥落，造成了严重的磨粒磨损。

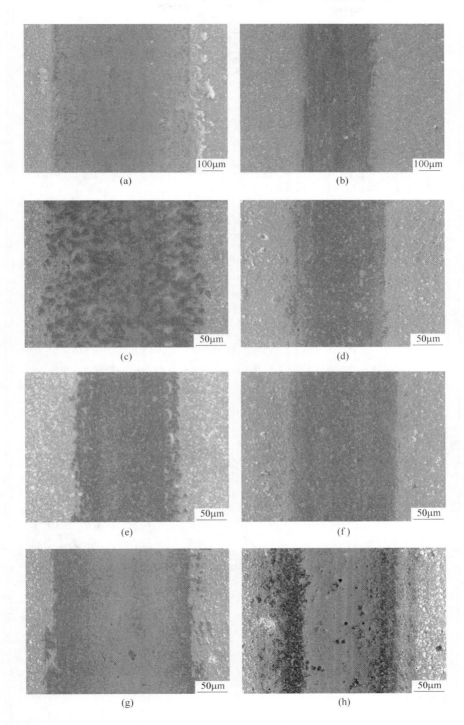

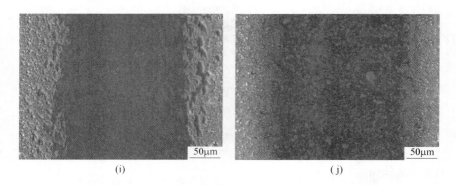

图 10-4 CrAlN 涂层在大气及海水下的磨痕 SEM 形貌

(a) Si_3N_4,大气中;(b) Si_3N_4,海水中;(c) SiC,大气中;(d) SiC,海水中;(e) WC,大气中;(f) WC,海水中;(g) Al_2O_3,大气中;(h) Al_2O_3,海水中;(i) ZrO_2,大气中;(j) ZrO_2,海水中

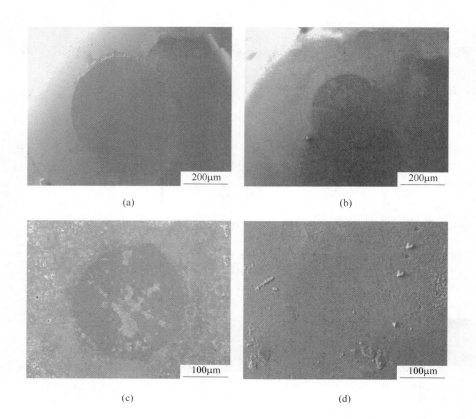

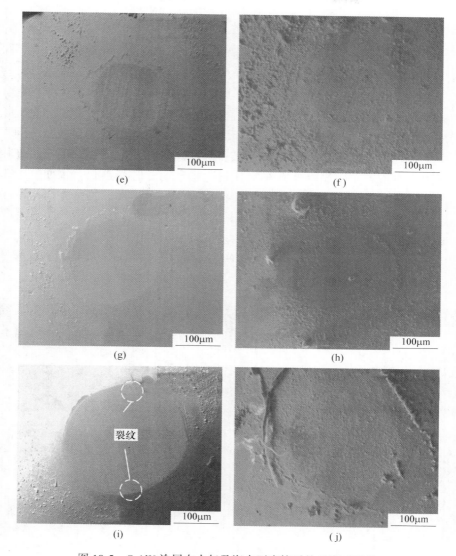

图 10-5 CrAlN 涂层在大气及海水下摩擦后的对磨球形貌

(a) Si_3N_4，大气中；(b) Si_3N_4，海水中；(c) SiC，大气中；(d) SiC，海水中；(e) WC，大气中；
(f) WC，海水中；(g) Al_2O_3，大气中；(h) Al_2O_3，海水中；(i) ZrO_2，大气中；(j) ZrO_2，海水中

针对为何 CrAlN 涂层与两种硅系陶瓷对磨的磨损率相差如此之大这一问题，对磨痕进行能谱分析。如图 10-6 所示，干摩擦下的磨痕内发现大量的氧元素和硅元素，说明涂层与陶瓷之间有化学反应产生。大量文献报道，摩擦能降低化学反应的激活能，大大促进化学反应进程。这些摩擦化学产物能起到减磨的作用，该摩擦化学反应如下所示[10,11]：

$$Si_3N_4 + 6H_2O \longrightarrow 3SiO_2 + 4NH_3 \qquad (10\text{-}1)$$

$$SiC + 2H_2O \longrightarrow SiO_2 + CH_4 \qquad (10\text{-}2)$$

该摩擦化学反应的吉布斯自由能分别为 $-566.5 kJ/mol$ 和 $-369 kJ/mol$，说明 Si_3N_4 的摩擦化学反应较 SiC 更容易进行，那么 $CrAlN/Si_3N_4$ 本应有较低的摩擦系数，但结果却恰恰相反。通过图 10-6 可知，$CrAlN/Si_3N_4$ 磨痕中有大量的氧元素和硅元素分布在磨痕两侧，磨痕内部却很少；而 CrAlN/SiC 磨痕中的两种元素却均匀地分布在磨痕内。这就说明了大气环境下 $CrAlN/Si_3N_4$ 的摩擦系数为何居高不下，主要是因为生成的 SiO_2 润滑膜被排除在磨痕两侧，所起到的润滑作用减弱，导致摩擦系数无明显降低，并使其到达稳定期的时间延长，致使磨损率增加。而当在海水环境下，一方面海水能起到液体润滑作用，另一方面海水中的 Ca^{2+} 与 Mg^{2+} 能生成 $CaCO_3$ 和 $MgCO_3$ 等具有润滑作用的摩擦化学产物[12~14]，且 SiO_2 还能进一步与水反应生成硅胶，这些因素共同作用下使得 $CrAlN/Si_3N_4$ 在海水中的摩擦系数大幅减少，最终与 CrAlN/SiC 摩擦系数相近。然而，磨损率并未降低，这主要是因为 $CrAlN/Si_3N_4$ 的跑合期太长，期间发生的磨损较为严重。

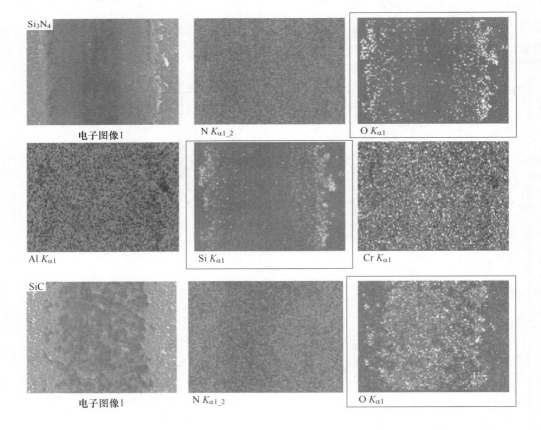

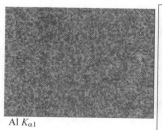 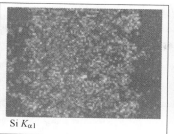 

图 10-6　干摩擦下 CrAlN 涂层/(Si_3N_4、SiC) 磨痕能谱图

进一步对摩擦产物在磨痕上分布不同的原因进行深入分析，通过扫描电子显微镜观察到 SiC 陶瓷球表面有大量的微凹坑，这些微凹坑的存在是由于本书中所使用的 SiC 球是采用固相无压烧结而成，该技术保留了大量的气孔。然而这些微坑恰好能作为润滑剂的储存室，并且能收纳磨粒磨屑来减少三体磨粒磨损。图 10-7 为干摩擦后 SiC 陶瓷球表面形貌及能谱图，对被填充的凹坑进行能谱分析发现，氧、硅含量非常高且有 CrAlN 涂层的成分，说明 SiO_2 被保存在微坑中的同时也收集了 CrAlN 磨屑，有利于减少 CrAlN/SiC 的摩擦系数。在海水中，微坑还能提供局部的弹性流体动压润滑，增加水膜厚度，减少或避免了摩擦时的固固接触[15,16]。SiC 的高硬度也使得微孔不轻易被磨平，进而使润滑作用持续。类似的技术——表面织构化已经被用于工程实践中以提高材料的抗磨损能力[17]。

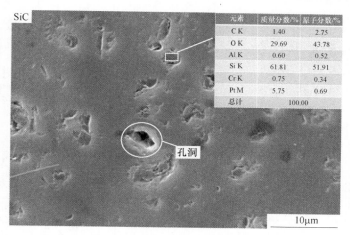

图 10-7　干摩擦后 SiC 磨斑形貌及能谱图

参 考 文 献

[1] Tomizawa H, Fischer T. Friction and wear of silicon nitride and silicon carbide in water-hydrody-

namic lubrication at low sliding speed obtained by tribochemical wear [M]. 1987.
[2] Andersson P, Lintula P. Load-carrying capability of water-lubricated ceramic journal bearings [J]. Tribology International, 1994, 27: 315~321.
[3] Mo J L, Zhu M H, Lei B, et al. Comparison of tribological behaviours of CrAlN and TiAlN coatings—deposited by physical vapor deposition [J]. Wear, 2007, 263: 1423~1429.
[4] Pulugurtha, Bhat S R, Gordon D G, et al. Mechanical and tribological properties of compositionally graded CrAlN films deposited by AC reactive magnetron sputtering [J]. Surface & Coatings Technology, 2007, 202: 1160~1166.
[5] Bobzin K, Lugscheider E, Nickel R, et al. Wear behavior of $Cr_{1-x}Al_xN$ PVD-coatings in dry running conditions [J]. Wear, 2007, 263: 1274~1280.
[6] Shan L, Wang Y X, Li J L, et al. Tribological behaviors of CrN and CrAlN coatings in seawater [J]. Tribology, 2014, 34: 468~476.
[7] Ye Y W, Wang Y X, Chen H, et al. Influences of bias voltage on the microstructures and tribological performances of Cr-C-N coatings in seawater [J]. Surface & Coatings Technology, 2015, 270: 305~313.
[8] Shan L, Wang Y, Li J, et al. Tribological property of TiN, TiCN and CrN coatings in seawater [J]. China Surface Engineer, 2013, 26(6): 86~92.
[9] Fischer T E, Mullins W M. Chemical aspects of ceramic tribology [J]. Journal of Physical Chemistry, 1992, 96(14): 5690~5701.
[10] Chen M, Kato K, Adachi K. The difference in running-in period and friction coefficient between self-mated Si_3N_4 and SiC under water lubrication [J]. Tribology Letters, 2001, 11: 23~28.
[11] Amutha Rani D, Yoshizawa Y, Hyuga H, et al. Tribological behavior of ceramic materials (Si_3N_4, SiC and Al_2O_3) in aqueous medium [J]. Journal of the European Ceramic Society, 2004, 24: 3279~3284.
[12] Shan L, Wang Y, Li J, et al. Tribological behaviours of PVD TiN and TiCN coatings in artificial seawater [J]. Surface and Coatings Technology, 2013, 226: 40~50.
[13] Shan L, Wang Y, Li J, et al. Effect of N_2 flow rate on microstructure and mechanical properties of PVD CrN_x coatings for tribological application in seawater [J]. Surface and Coatings Technology, 2014, 242: 74~82.
[14] Wang J, Chen J, Chen B, et al. Wear behaviors and wear mechanisms of several alloys under simulated deep-sea environment covering seawater hydrostatic pressure [J]. Tribology International, 2012, 56: 38~46.
[15] Chouquet C, Gavillet J, Ducros C, et al. Effect of DLC surface texturing on friction and wear during lubricated sliding [J]. Materials Chemistry and Physics, 2010, 123: 367~371.
[16] Vandoni L, Demir A, Previtali B, et al. Wear behavior of fiber laser textured TiN coatings in a heavy loaded sliding regime [J]. Materials, 2012, 5: 2360~2382.
[17] 赵文杰, 王立平, 薛群基. 织构化提高表面摩擦学性能的研究进展 [J]. 摩擦学学报, 2011, 31: 622~631.

11 沉积偏压对 VCN 涂层结构及海水环境摩擦学性能的影响

在本章中,通过设置不同的沉积偏压将 VCN 涂层沉积在不锈钢和 Si 晶片上,并系统介绍了沉积偏压与 VCN 涂层的微观结构与性能之间的关系。其主要目的是通过优化沉积偏压来开发具有良好自润滑性、耐磨性及抗腐蚀性的 VCN 涂层,然后揭示其在海水中摩擦学性能的演变规律。

11.1 制备与表征

11.1.1 VCN 涂层的制备

基体的前处理及涂层的制备与第 3 章相同。但沉积 VCN 涂层的偏压 −25 ~ −150V(−25V、−50V、−100V、−150V)。为方便起见,分别将沉积偏压为 −25V、−50V、−100V、−150V 时制备的涂层简称为 V-25、V-50、V-100 和 V-150。

11.1.2 不同沉积偏压下 VCN 涂层的结构及力学性能表征

不同沉积偏压下 VCN 涂层的结构及力学性能表征与第 3 章相同。

11.1.3 不同沉积偏压下 VCN 涂层的电化学及摩擦学性能表征

不同沉积偏压下 VCN 涂层的电化学及摩擦学性能表征与第 3 章相同。

11.2 不同沉积偏压下 VCN 涂层的微观结构

通过 XPS 测量,表 11-1 列出了所有涂层的元素组成。随着沉积偏压的增加,涂层中的 C 含量呈现出先升高后降低的趋势,而 N 含量呈现相反的趋势。沉积偏压的增加会导致离子迁移率增加。在高能离子轰击下,高活性原子可以移动到基体表面并形成更多的成核位点[1]。在这种情况下,碳原子可以取代金属氮化物中的氮原子,形成新的相[2]。随着沉积偏压的持续增加,碳含量的下降主要与高能离子轰击引起的反溅射有关[3]。据报道,在涂层形成过程中,弱结合的碳原子更容易被入射离子重新溅射[4]。

表 11-1 涂层的化学成分

涂层	化学成分（原子分数）/%			
	V	C	N	O
V-25	42.51	17.45	34.03	6.01
V-50	42.46	19.64	31.68	6.22
V-100	43.25	21.43	30.20	5.13
V-150	43.20	19.94	31.57	5.29

涂层的表面形貌和截面形貌如图 11-1 所示。从图 11-1 可知，在 V-25 涂层的表面检测到许多大颗粒。通过测量，V-25 涂层的 R_a 为 89.1nm。当偏压增大时，大颗粒的数量急剧减少，直至沉积偏压为 -100V，此时 R_a 达到最低，为 67.4nm。然而，当沉积偏压持续增加时，R_a 回升至 75.2nm。此外，涂层厚度变化与 R_a 相反，这均与轰击离子的能量有关。众所周知，沉积偏压的大小与轰击离子的能量成正比，这将提高涂层的沉积速率。然而，过高的沉积偏压会引起涂层反溅射，从而降低了涂层的沉积速率。

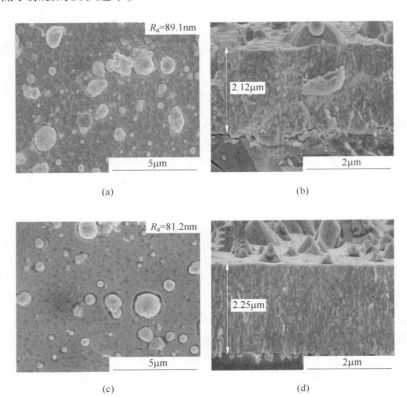

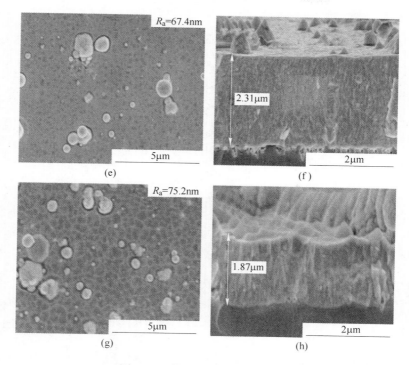

图 11-1 涂层的表面及截面形貌
(a), (b) V-25; (c), (d) V-50; (e), (f) V-100; (g), (h) V-150

图 11-2 为涂层的 XRD 结果。从图 11-2 可知，所有涂层主要由 VN(111)、VN(200)、VN(220)、VN(311)、VN(222) 特征峰组成(见图 11-2 (a))。同时，在该图谱中还检测到 VC(111) 的弱峰，表明 C 原子已成功与 V 原子反应。当沉积偏压为-100V 时，VC(111) 特征峰的强度最高，表明该沉积偏压下 VC 相易于形成。此后，随着沉积偏压的进一步增加(-150V)，VC(111) 特征峰的强度略有降低。图 11-2 (b) 显示了涂层的晶粒尺寸和残余应力。从图 11-2 (b) 可知，涂层的应力为负，说明在涂层中形成了压应力。当沉积偏压为-100V 时，晶粒尺寸达到最低，而压应力达到最高。

VCN 涂层在-100V 沉积偏压下的 XPS-C 1s 和 XPS-V 2p 光谱如图 11-3 所示。经拟合分析，XPS-C 1s 峰可分解为 282.4eV、284.6eV、286.1eV 和 288.1eV 处的 4 个峰(见图 11-3 (a))，分别对应于 C—V、sp^2C—C、sp^3C—C 和 C—O[5~8]。其中，C—V 归因于 VC 相的形成，sp^2C—C 和 sp^3C—C 主要来自于非晶相，C—O 的存在主要是由于氧的吸附和沉积过程中残留的真空。同时，VCN 涂层的 V 2p 精细光谱中有 6 个峰(见图 11-3 (b))，包括 V—N (513.4eV)、V—C (514.6eV)、V—O (516.7eV)、V—N (520.7eV)、V—C (522.1eV) 和 V—O

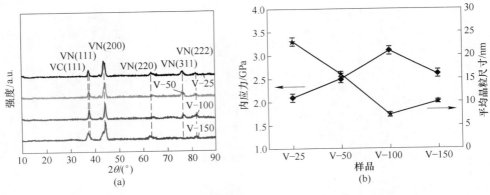

图 11-2 涂层的 XRD 图谱和应力及平均晶粒尺寸

(a) 涂层的 XRD 图谱；(b) 涂层的应力及平均晶粒尺寸

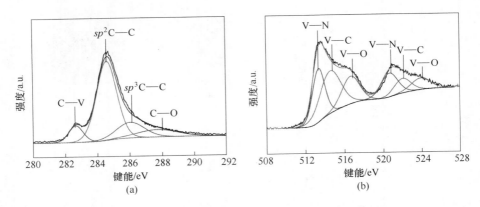

图 11-3 V-100 涂层的 XPS-C 1s 和 XPS-V 2p 谱

(a) V-100 涂层的 XPS-C 1s 谱；(b) V-100 涂层的 XPS-V 2p 谱

(523.9eV)。通过统计，表 11-2 总结了涂层中这些化学键的含量。C—V 和 sp^2C—C 的含量随着沉积偏压的增加呈现出先增加后减小的趋势，这证实了涂层化学成分中 C 含量的变化。

表 11-2 涂层中各化学键的含量

涂层	化学键含量/%			
	C—V	sp^2C—C	sp^3C—C	C—O
V-25	9.2	58.3	18.5	14.0
V-50	10.5	58.7	18.1	12.7
V-100	12.2	61.3	18.9	7.6
V-150	11.7	60.4	17.6	10.3

由图 11-4 所示,选择 TEM 来进一步分析 V-100 涂层的结构。从图 11-4 可知,在 V-100 涂层中发现了 VN(111)、VC(111) 和 VN(220) 相,晶格条纹间距分别对应于 0.2374nm、0.4136nm 和 0.1966nm(见图 11-4 (a))。同时,还观察到涂层中存在非晶/纳米晶结构,证实了 V-100 涂层中非晶相的形成,这与 XPS 分析的结果非常吻合。先前的研究表明,具有非晶/纳米晶结构的涂层表现出比仅仅具有纳米晶结构的涂层更好的耐腐蚀性,这是由于非晶相的化学均匀性高和晶格缺陷(例如位错和晶界)的减少[9]。同时,非晶相的形成可以减小涂层的平均晶粒尺寸,从而提高涂层的致密性[10]。Liu 等人[11]指出,纳米晶和非晶相之间的强界面增加了边界的内聚能,促进涂层硬度的提升。同时,非晶相的形成将减少涂层的残余应力,并增加涂层的结合力[12]。此外,非晶/纳米晶结构可以抑制裂纹的传播和扩展,从而提高涂层的韧性[13]。最后,腐蚀和力学性能的改善有利于增强涂层的耐磨性[14]。在 SAED 图中,检测到了 VN(111)、VC(111)、VN(200)、VN(220)、VN(311) 和 VN(222) 的衍射环,这与 XRD 分析一致(见图 11-4 (b))。

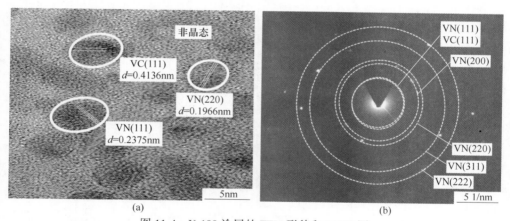

图 11-4　V-100 涂层的 TEM 形貌和 SAED 图
(a) V-100 涂层的 TEM 形貌;(b) V-100 涂层的 SAED 图

11.3　不同沉积偏压下 VCN 涂层的力学性能

所有涂层的硬度、模量、H/E 和 H^3/E^2 如图 11-5 所示。结果表明,V-25 涂层的硬度及模量最低,分别为 31.7 及 392GPa。随着沉积偏压的增加,模量呈现出上升的趋势。同时,V-50、V-100 和 V-150 涂层的硬度分别增加了 4.73% (33.2GPa)、14.83% (36.4GPa) 和 20.82% (38.3GPa)(见图 11-5 (a)),这归因于高能量离子轰击引起的致密结构。通常,高的 H/E 和 H^3/E^2 值可以很好地描述涂层的耐久性和抗塑性变形性(韧性)[15]。如图 11-5（b）所示，随着沉积偏压的增加，H/E 和 H^3/E^2 值均先增大，然后逐渐减小。另外，当沉积偏压为 $-100V$ 时，涂层的 H/E 和 H^3/E^2 值达到最高值，分别为 0.090 和 0.29GPa，表现出最佳的耐久性和抗塑性变形能力。

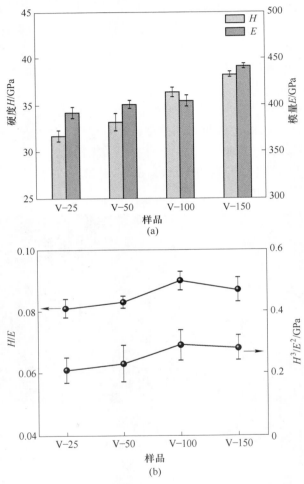

图 11-5　涂层的硬度和模量、H/E 和 H^3/E^2
(a) 涂层的硬度和模量；(b) 涂层的 H/E、H^3/E^2

通过 SEM 获得所有涂层的划痕形貌，结果如图 11-6 所示。对于 V-25 涂层，在 22.5N 的载荷下观察到典型的剥落现象，表明涂层的结合力约为 22.5N。随着沉积偏压的增加，V-50 涂层的结合力约为 27N，而 V-100 涂层在 39N 之前没有从基材上剥离，说明结合力在该条件下得到增强。然而，随着偏压进一步增加，涂层的结合力降低。这些变化与涂层残余应力和韧性的综合作用密切相关[16,17]。

因此，V-100 涂层表现出最高的结合力。

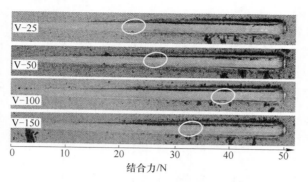

图 11-6 涂层的划痕形貌

11.4 不同沉积偏压下 VCN 涂层的耐蚀性能

图 11-7 为海水环境中涂层的 Tafel 曲线。一般而言，i_{corr} 值越低，耐腐蚀性越好[18~20]。与 V-25 涂层相比，V-50、V-100 和 V-150 涂层显著抑制了腐蚀电流密度，这说明沉积偏压的增加可以作为增强 VCN 耐腐蚀性的更好屏障。通过计算，V-25 涂层在所有涂层中均表现出最高的腐蚀电流密度（$7.04×10^{-6}$ A/cm^2），表明其腐蚀防护性能最差。随着沉积偏压的增加，V-50 涂层的腐蚀电流密度降低至 $4.15×10^{-6}$ A/cm^2，表明其防腐能力得到了增强。同时，V-100 涂层的 i_{corr} 值最低（$1.68×10^{-6}$ A/cm^2），呈现出所有涂层中最强的防腐能力。随着偏压的持续增加，样品的耐腐蚀能力开始下降。此外，在曲线的阳极区域观察到一些钝化现象，表明腐蚀测试过程中涂层表面形成了钝化膜。

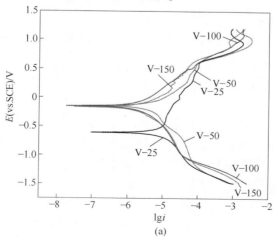

(a)

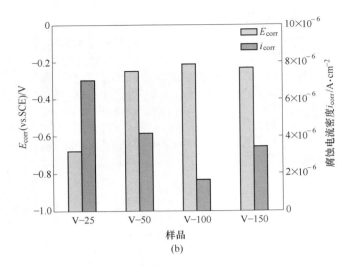

图 11-7 涂层的 Tafel 曲线及 E_{corr} 和 i_{corr}
（a）涂层的 Tafel 曲线；（b）涂层的 E_{corr}-i_{corr} 图
1—V-25；2—V-50；3—V-100；4—V-150

11.5 不同沉积偏压下 VCN 涂层的摩擦学性能

图 11-8 为海水中涂层的 *COF* 曲线及其平均值。从图 11-8 可以看出，所有涂层的曲线先增大后整体保持稳定，这归因于液体介质的润滑（见图 11-8（a））。经计算，在海水环境中，V-25 涂层的平均 *COF* 值最高，为 0.185。偏压增加，涂层的平均 *COF* 值降低（见图 11-8（b）），这主要归咎于涂层表面粗糙度的降低，在滑动过程中界面的接触面积增加，进而降低平均 *COF* 值。此外，随着偏压的增加，V-100 涂层的平均 *COF* 降低至最小值（0.113），这表明适当的偏压可以改善 VCN 涂层在海水环境中的自润滑性能。随着沉积偏压的持续增加，V-150 涂层的平均 *COF* 值回升至 0.141。

图 11-9 为摩擦试验后所制备涂层的横截面轮廓。从图 11-9 可知，V-25 涂层的最大磨损深度为 0.85μm，表明磨损严重。随着偏压的增加，V-50、V-100 和 V-150 涂层的磨损深度分别降至 0.72μm、0.62μm 和 0.77μm。通过计算，V-50、V-100 和 V-150 涂层的磨损深度比 V-25 涂层减少了 15.29%、27.06% 和 9.41%，这表明增加沉积偏压可以不同程度地减少 VCN 涂层的磨损量。此外，所有涂层的磨损深度均小于涂层的厚度，表明该涂层没有完全失效。

海水环境中涂层的平均磨损率如图 11-10 所示。从图 11-10 可知，在不同偏压下的涂层表现出不同的磨损率。在 V-25 涂层上观察到最严重的磨损，其平均

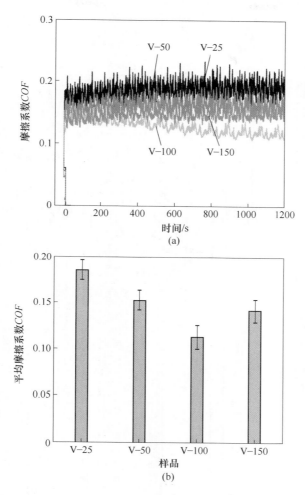

图 11-8 涂层的 COF 曲线和平均 COF
(a) COF 曲线；(b) 平均 COF

磨损率为 $9.78×10^{-7} mm^3/(N·m)$。随着沉积偏压的增加，涂层的磨损率得到了不同程度的降低。具体而言，当沉积偏压为 $-50V$、$-100V$ 和 $-150V$ 时，V-50、V-100 和 V-150 涂层的平均磨损率分别约为 $7.43×10^{-7} mm^3/(N·m)$、$5.25×10^{-7} mm^3/(N·m)$ 和 $6.83×10^{-7} mm^3/(N·m)$。相比之下，V-100 涂层的磨损率最低，分别比 V-25、V-50 和 V-150 样品低 46.32%、29.34% 和 23.13%，这与其良好的结合力和优异的韧性有关。

为了更好地了解海水中涂层的磨损机理，图 11-11 为磨痕形貌和相应的 EDS 图谱。与其他涂层相比，V-25 涂层呈现出最宽的磨痕形貌（224μm）和最严重的剥落，这归因于腐蚀和摩擦行为的相互作用（见图 11-11 (a)）。在滑动过程中，

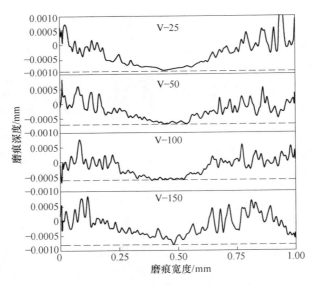

图 11-9 所有涂层的磨痕横截面轮廓

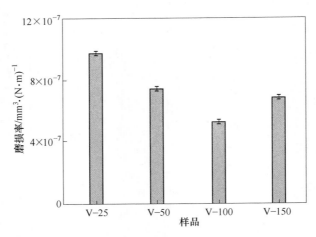

图 11-10 海水环境下涂层的平均磨损率

硬度低、韧性差和附着力弱会导致更严重的磨损和大量的剥离。之后，腐蚀介质会进入剥落区域，引起更多的缺陷，导致磨损恶化。通过 EDS 分析，除了 V、N、C、O 元素外，表面区域还包含 Cl、Na、Mg 和 Ca，它们是从海水中转移而来(见图 11-11（b）)。然而，随着偏压的增加，V-50 涂层呈现出较窄的磨痕形貌，约为 $215\mu m$ (见图 11-11（c）)。同时，在磨痕形貌上仅观察到少量的剥落和气孔，这表明 V-50 涂层的抗磨损能力略有增强。当沉积偏压为 -100V 时，磨痕形貌的宽度显著减小($207\mu m$)，表面相对平坦，这归因于其致密的结构、最佳的

11.5 不同沉积偏压下 VCN 涂层的摩擦学性能 ·133·

韧性、最高的结合力和最强的抗腐蚀能力(见图 11-11（e）)。对于 V-150 涂层,在磨痕形貌上发现了一些微孔,这表明过大的沉积偏压会导致耐磨性下降,这与磨损率的结果一致(见图 11-11（g）)。此外,V-50、V-100 和 V-150 涂层的 EDS 特性均类似于 V-25 涂层(见图 11-11（d）、(f) 和（h）)。

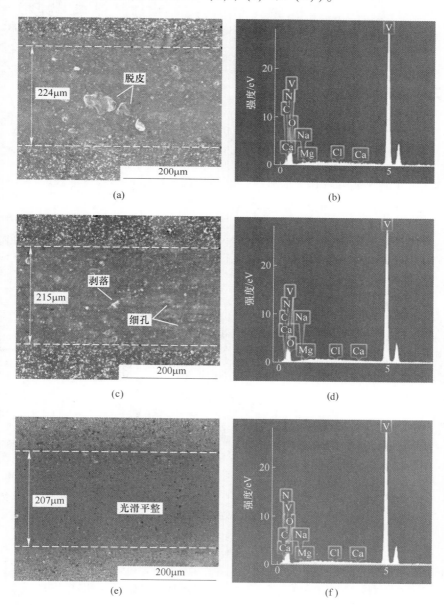

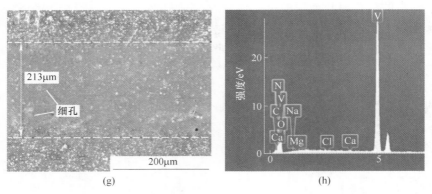

图 11-11　涂层的磨痕形貌及相应的 EDS 图谱
（a），（b）V-25；（c），（d）V-50；（e），（f）V-100；（g），（h）V-150

为了验证转移膜的存在，所有摩擦配副均通过拉曼光谱进行了表征，其结果如图 11-12 所示。在 1560cm^{-1} 处观察到一个明显的特征峰，这归因于 sp^2-杂化碳存在，表明涂层表面形成了有效的转移膜。同时，V-100 涂层的峰值强度在所有涂层中最高，表明在滑动过程中石墨化效应最强。该结果可以显著降低滑动阻力并减少黏附现象的形成[21~24]，这与磨损率的结果一致。

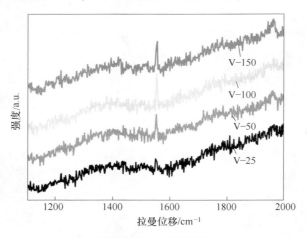

图 11-12　摩擦配副表面转移膜的拉曼分析

在滑动过程中，微观接触表面呈锯齿状，所以真实的接触界面可以分为固-固和固-液区域。先前的分析表明，液体润滑可以在固-液区域形成[17]。因此，裂纹萌生主要集中在固-固接触区域。在反复磨损下，涂层首先发生变形，然后破裂，最终剥落。一些碎屑将被机械压实并黏附到表面，这可能在一定程度上回填微坑；其他碎片被转移到磨痕两侧，并留下剥落坑，为 Cl$^-$ 攻击提供了通道。因此，结合力低、韧性差和抗腐蚀能力弱的 V-25 涂层表现出严重的磨损。随着偏压的增加，石墨化转移膜易于在接触表面上形成，这可以有效地润滑固-固接触区域。同时，高的结合力和良好的韧性可以有效地防止裂纹的形成并抑制腐蚀过程。因此，在适当的沉积偏压(-100V)下制备的 VCN 涂层仅显示出轻微磨损。

参 考 文 献

[1] Warcholinski B, Gilewicz A. Effect of substrate bias voltage on the properties of CrCN and CrN coatings deposited by cathodic arc evaporation [J]. Vacuum, 2013, 90: 145~150.

[2] Hu P, Jiang B. Study on tribological property of CrCN coating based on magnetron sputtering plating technique [J]. Vacuum, 2011, 85(11): 994~998.

[3] Warcholiński B, Gilewicz A. Effect of substrate bias voltage on the properties of CrCN and CrN coatings deposited by cathodic arc evaporation [J]. Vacuum, 2013, 90: 145~150.

[4] Kok Y N, Hovsepian P E, Luo Q, et al. Influence of the bias voltage on the structure and the tribological performance of nanoscale multilayer C/Cr PVD coatings [J]. Thin Solid Films, 2005, 475(1-2): 219~226.

[5] Antonik M D, Lad R J, Christensen T M. Clean surface and oxidation behavior of vanadium carbide, VC0.75 (100) [J]. Surface and Interface Analysis: An International Journal devoted to the development and application of techniques for the analysis of surfaces, interfaces and thin films, 1996, 24(10): 681~686.

[6] Dai W, Ke P, Wang A. Microstructure and property evolution of Cr-DLC films with different Cr content deposited by a hybrid beam technique [J]. Vacuum, 2011, 85(8): 792~797.

[7] Zhou F, Adachi K, Kato K. Friction and wear property of a-CN_x coatings sliding against ceramic and steel balls in water [J]. Diamond and related materials, 2005, 14(10): 1711~1720.

[8] Bismarck A, Tahhan R, Springer J, et al. Influence of fluorination on the properties of carbon fibres [J]. Journal of Fluorine Chemistry, 1997, 84(2): 127~134.

[9] Xu J, Chen Z Y, Tao J, et al. Corrosion behavior of amorphous/nanocrystalline Al-Cr-Fe film deposited by double glow plasmas technique [J]. Science in China Series E: Technological Sciences, 2009, 52(5): 1225.

[10] Lin C H, Duh J G. Corrosion behavior of (Ti-Al-Cr-Si-V)$_x$N$_y$ coatings on mild steels derived from RF magnetron sputtering [J]. Surface and Coatings Technology, 2008, 203(5-7): 558~561.

[11] Liu Z J, Shen Y G. Effects of amorphous matrix on the grain growth kinetics in two-phase nanostructured films: a Monte Carlo study [J]. Acta materialia, 2004, 52(3): 729~736.

[12] Diserens M, Patscheider J, Levy F. Improving the properties of titanium nitride by incorporation of silicon [J]. Surface and Coatings Technology, 1998, 108: 241~246.

[13] Audronis M, Leyland A, Matthews A, et al. The structure and mechanical properties of Ti-Si-B

coatings deposited by DC and pulsed-DC unbalanced magnetron sputtering [J]. Plasma Processes and Polymers, 2007, 4(S1): S687~S692.

[14] Dang C, Li J, Wang Y, et al. Influence of Ag contents on structure and tribological properties of TiSiN-Ag nanocomposite coatings on Ti-6Al-4V [J]. Applied Surface Science, 2017, 394: 613~624.

[15] Dang C, Li J, Wang Y, et al. Structure, mechanical and tribological properties of self-toughening TiSiN/Ag multilayer coatings on Ti_6Al_4V prepared by arc ion plating [J]. Applied Surface Science, 2016, 386: 224~233.

[16] Ye Y, Liu Z, Liu W, et al. Effect of interlayer design on friction and wear behaviors of CrAlSiN coating under high load in seawater [J]. RSC advances, 2018, 8(10): 5596~5607.

[17] Ye Y, Liu Z, Liu W, et al. Bias design of amorphous/nanocrystalline CrAlSiN films for remarkable anti-corrosion and anti-wear performances in seawater [J]. Tribology International, 2018, 121: 410~419.

[18] Ye Y, Yang D, Chen H, et al. A high-efficiency corrosion inhibitor of N-doped citric acid-based carbon dots for mild steel in hydrochloric acid environment [J]. Journal of hazardous materials, 2020, 381: 121019.

[19] Ye Y, Yang D, Chen H. A green and effective corrosion inhibitor of functionalized carbon dots [J]. Journal of Materials Science & Technology, 2019, 35(10): 2243~2253.

[20] Ye Y, Zou Y, Jiang Z, et al. An effective corrosion inhibitor of N doped carbon dots for Q235 steel in 1 M HCl solution [J]. Journal of Alloys and Compounds, 2020, 815: 152338.

[21] Zhang H S, Endrino J L, Anders A. Comparative surface and nano-tribological characteristics of nanocomposite diamond-like carbon thin films doped by silver [J]. Applied Surface Science, 2008, 255(5): 2551~2556.

[22] Holmberg K, Ronkainen H, Laukkanen A, et al. Friction and wear of coated surfaces—scales, modelling and simulation of tribomechanisms [J]. Surface and Coatings Technology, 2007, 202(4-7): 1034~1049.

[23] Suzuki M, Tanaka A, Ohana T, et al. Frictional behavior of DLC films in a water environment [J]. Diamond and related materials, 2004, 13(4-8): 1464~1468.

[24] Sanchez-Lopez J C, Erdemir A, Donnet C, et al. Friction-induced structural transformations of diamondlike carbon coatings under various atmospheres [J]. Surface and Coatings Technology, 2003, 163: 444~450.

12 碳含量对VCN涂层结构及海水环境摩擦学性能的影响

在本章中，通过多弧离子镀方法获得了不同碳含量的VCN涂层。通过一系列检测设备，深入评估了碳含量对VCN涂层结构、力学性能、海水中摩擦学性能和耐蚀性的影响，系统分析了所制备的VCN涂层在海水中的抗磨损和抗腐蚀机理，可为其在海洋环境中的未来应用提供技术支持。

12.1 制备与表征

12.1.1 VCN涂层的制备

基体的前处理与涂层的制备过程与第3章相同。但C_2H_2流量分别为0mL/min、15mL/min、40mL/min、65mL/min（本章均指标准状态下）。为方便起见，将C_2H_2流量为0mL/min、15mL/min、40mL/min、65mL/min时制备的涂层分别标记为V0、V1、V2和V3。

12.1.2 不同碳含量下VCN涂层的结构及力学性能表征

不同碳含量下VCN涂层的结构及力学性能表征与第3章相同。

12.1.3 不同碳含量下VCN涂层的电化学及摩擦学性能表征

不同碳含量下VCN涂层的电化学及摩擦学性能表征与第3章相同。

12.2 不同碳含量下VCN涂层的微观结构

通过XPS测定了涂层的元素组成，结果列于表12-1。随着C_2H_2流量的增加，涂层中碳含量递增，而氮含量递减。该发现表明，碳原子可以代替氮原子的部分位置。图12-1显示了所有涂层的形貌。从图12-1可以看出，V0涂层的表面是粗糙的。经测量，涂层表面粗糙度为112.6nm。当VN涂层中添加碳后，涂层的表面粗糙度明显降低。当碳含量（原子分数）为14.73%时，V2涂层的表面粗糙度为最低，约为62.1nm。随着碳含量的进一步增加，V3涂层的R_a回升至

70.8nm。此外，所有涂层的厚度为1.79~2.14μm且涂层均表现出致密均匀的结构。然而，相对而言，VCN涂层的致密性高于VN涂层。

表 12-1 涂层的化学成分

涂层	化学成分（原子分数）/%		
	V	C	N
V0	48.17±3.51	0	51.83±3.01
V1	48.54±2.12	9.72±1.02	41.74±2.77
V2	48.08±2.63	14.73±1.15	37.19±2.92
V3	48.61±2.97	19.86±1.68	31.53±2.05

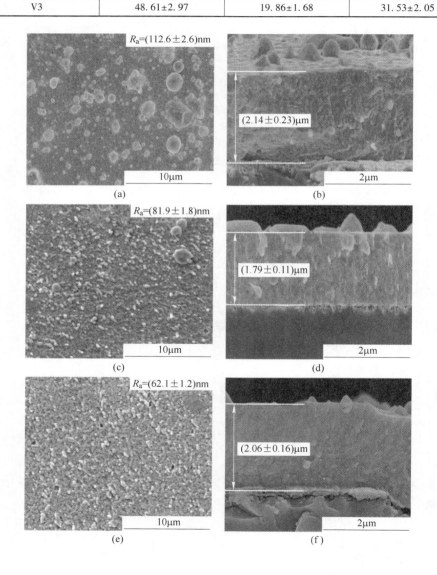

12.2 不同碳含量下 VCN 涂层的微观结构

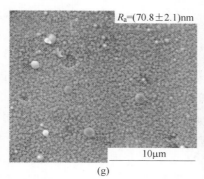
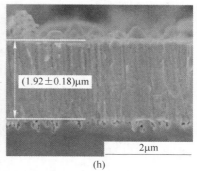

图 12-1 涂层的形貌

(a),(b) V0;(c),(d) V1;(e),(f) V2;(g),(h) V3

通过 XRD 光谱确定了涂层的晶体结构,结果如图 12-2 所示。从图 12-2 可以看出,V0 涂层主要包含 VN(111)、VN(200) 和 VN(220) 特征峰。然而,将碳添加到 VN 涂层之后,在光谱中观察到 VC(111) 特征峰,这证实了部分氮原子已被碳原子取代。随着碳含量的增加,VC(111) 特征峰的强度先增大后减小,说明碳含量对 VC 相的形成有重要影响。通过计算,所有涂层的平均晶粒尺寸和残余应力如图 12-2(b) 所示。从图 12-2(b) 可以看出,V0 涂层的残余压应力为 -1.8 GPa。加入 9.71%、14.73% 和 19.86% C(原子分数)后,V1、V2 和 V3 涂层的残余压应力分别增加了 33.33%、72.22% 和 50%。同时,随着碳含量的增加,平均晶粒尺寸先减小后增加。当碳含量(原子分数)增加到 14.73% 时,涂层的晶粒尺寸最低,这可能与涂层中非晶相的形成有关。

用 XPS 表征了 VCN 涂层的元素键合状态。图 12-3 为 V0 和 V2 涂层的全谱及 C 1s、V 2p 和 N 1s 精细谱。如图 12-3 可知,在 V0 和 V2 涂层中检测到 V、C、N

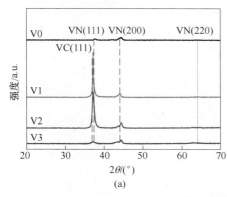
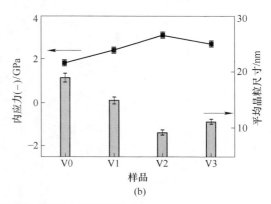

图 12-2 涂层的 XRD 谱和压应力及晶粒尺寸

(a) XRD 谱;(b) 压应力及晶粒尺寸

和 O 元素，表明表面发生了一些氧化反应(见图 12-3(a))。同时，C 1s 峰可分为 283.1eV、284.6eV、286.1eV 和 288.2eV 处的 4 个峰，分别对应于 C—V、sp^2C—C、sp^3C—C 和 C—O(见图 12-3(b))[1-4]。其中，C—V 证实了 VC 相的形成，sp^2C—C 和 sp^3C—C 则表明了非晶相的类型。C—O 的存在主要来自于表面氧化物和污染物。通过统计，这些化学键的含量列于表 12-2 中。随着 C 的上升，C—V 和 sp^2C—C 的含量先递增后递减。此外，V0 涂层的 V 2p 精细谱可拟合为 513.7eV、516eV、521.1eV 和 523.5eV 处的 4 个峰，分别对应于 V—N 和 V—O (见图 12-3(c))。然而，在 514.6eV 和 522.2eV 处发现了两个新峰，这与 V—C 的形成有关(见图 12-3(d))[5]。就 N 1s 精细谱而言，在 V0 和 V2 涂层中仅观察到 396.7eV(N—V) 的一个峰，这与 XRD 分析(见图 12-3(e)和(f)) 非常吻合[6]。

表 12-2 经 C 1s 拟合后各化学键的含量

涂层	化学键含量/%			
	C—V	sp^2C—C	sp^3C—C	C—O
V1	6.8±0.5	61.5±4.1	19.2±1.2	12.5±0.8
V2	12.1±0.8	64.8±3.9	18.4±1.6	4.7±0.3
V3	10.3±0.7	62.9±4.5	18.2±1.9	8.6±0.6

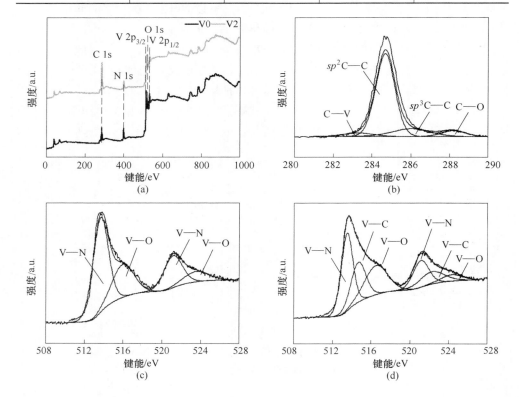

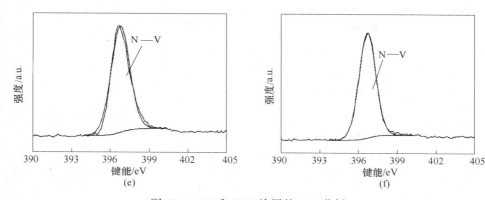

图 12-3　VN 和 VCN 涂层的 XPS 分析

(a) 全谱；(b) V2 涂层的 C 1s 谱；(c) V0 涂层的 V 2p 谱；(d) V2 涂层的 V 2p 谱；(e) V0 涂层的 N 1s 谱；(f) V2 涂层的 N 1s 谱

选择 TEM 来深入分析 V0 和 V2 涂层的结构。通过对晶格间距的精细计算，V0 涂层由 VN(111)、VN(200) 和 VN(220) 组成 (见图 12-4 (a))，与 SAED 图

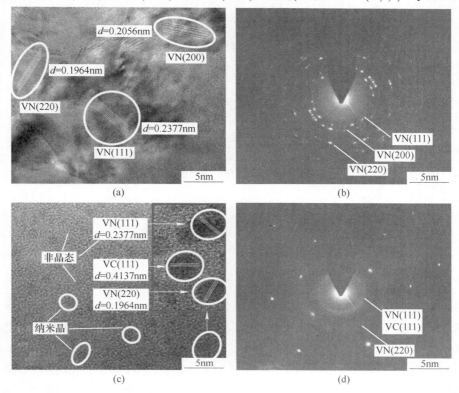

图 12-4　V0 和 V2 涂层的 TEM 和 SAED 图

(a) V0 涂层的 TEM；(b) V0 涂层的 SAED 图；(c) V2 涂层的 TEM 图；(d) V2 涂层的 SAED 图

像的结果一致(见图 12-4（b）)。尽管如此，在向 VN 涂层中添加碳后，在 VCN 涂层中观察到了非晶/纳米晶结构(见图 12-4（c）)。通过分析，纳米晶的组成为 VN(111)、VC(111) 和 VN(220)，证明部分氮原子的位置成功被碳原子取代。在 SAED 图像中，除了 VN(111)、VC(111) 和 VN(220) 的衍射环外，还检测到一些非晶衍射特征，这与 XPS 分析相一致(见图 12-4（d）)。

12.3 不同碳含量下 VCN 涂层的力学性能

图 12-5 为涂层纳米压痕实验的结果。从图 12-5 可以看出，V0 涂层的硬度约为 30GPa，这是所有涂层中的最低值。向 VN 涂层中添加 9.71%、14.73% 和 19.86%C（原子分数）后，涂层的硬度分别增加到 32GPa、36.5GPa 和 35GPa（见图 12-5（a））。众所周知，高的 H/E 和 H^3/E^2 值对应着良好的韧性[7]。经计算发现，在 VN 涂层中掺入碳后，H/E 和 H^3/E^2 值呈现出递增的趋势(见图 12-5（b）)。当碳含量（原子分数）为 14.73%时，V2 涂层的 H/E 和 H^3/E^2 值约为 0.094 和 0.33GPa，这是所有涂层中的最高值，表现出最佳的韧性。

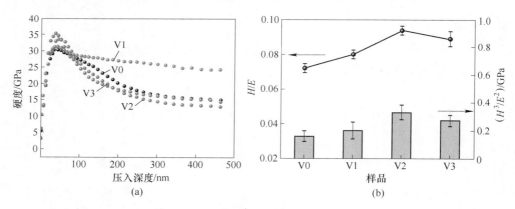

图 12-5 涂层的硬度、H/E 和 H^3/E^2
(a) 硬度；(b) H/E 和 H^3/E^2

图 12-6 为所有涂层的划痕形貌。一般而言，临界载荷值对应于涂层的首次剥落位置。从图 12-6 可以看出，V0 涂层的首次剥落位置约为 22N。然后，涂层逐渐从基材表面脱皮，这意味着 V0 涂层的临界载荷约为 22N。在 VN 涂层中添加碳后，涂层首次剥落的位置被延迟了。具体而言，V1、V2 和 V3 涂层的临界载荷分别约为 27N、40N 和 29N，与 V0 涂层相比，分别增加了 20%、81.81%和 31.81%。这种现象表明，当碳含量（原子分数）为 14.73%时，临界载荷的提升幅度最高，这归因于残余应力和韧性的综合作用。结合先前的报道，残余压应力

能钝化裂纹尖端并抑制裂纹扩展[8]，且残余压应力越高，抑制作用越强[9]。同时，韧性可用于抵抗机械变形和涂层失效[10]。涂层的韧性越高，裂纹扩散就越困难[11]。因此，具有最高残余压应力和最佳韧性的 V2 涂层在所有涂层中均显示出最大的临界载荷值。

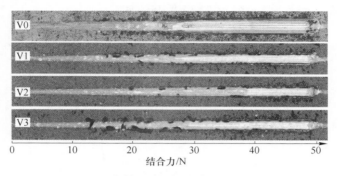

图 12-6　涂层的划痕形貌

12.4　不同碳含量下 VCN 涂层的耐蚀性能

图 12-7 为海水中所有涂层的动电位极化曲线。与 V0 涂层相比，V1、V2 和 V3 涂层的腐蚀电流密度（i_{corr}）均向减小的方向移动，表明碳的掺入可以有效地增强 VCN 涂层在海水中的耐腐蚀性[12~14]。具体而言，V0 涂层的 i_{corr} 值约为 $2.8\times10^{-6}A/cm^2$，比其他涂层高一个数量级。随着碳含量的增加，i_{corr} 值呈下降趋势。当碳含量（原子分数）达到 14.73% 时，i_{corr} 最低，为 $7.1\times10^{-7}A/cm^2$，表明其最佳的防腐性能。这可能是由于此时涂层晶粒小，结构致密，可以有效抑制腐蚀介

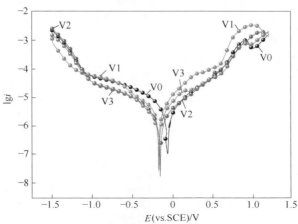

图 12-7　涂层在海水环境中的极化曲线

质的侵蚀。Shan 等人[15]指出小尺寸晶粒有利于提高钝化膜的厚度和致密性。致密的结构可以减少腐蚀介质对基体的渗透。当碳含量进一步增加时，V3 涂层的 i_{corr} 值升高，表明过高的碳含量将对涂层的耐蚀性产生负面影响。

12.5 不同碳含量下 VCN 涂层的摩擦学性能

图 12-8 为所制备涂层海水中的 COF 曲线及其平均值。其中，平均 COF 值来自整个摩擦系数曲线上所有点的平均值。显然，这些 COF 曲线先呈现出上升的趋势，然后达到稳定的状态，这种变化趋势是水的润滑和摩擦化学反应造成的

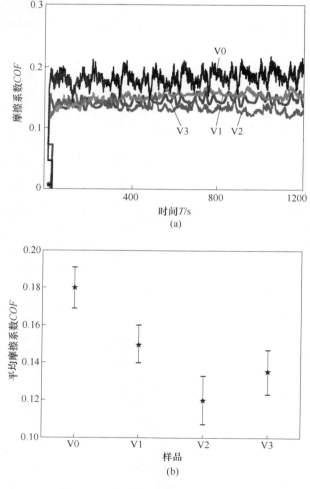

图 12-8 涂层的 COF 曲线和 COF 值
（a）COF 曲线；（b）COF 值

(见图12-8（a））。在滑动过程中，钙离子和镁离子可与碳酸根离子和氢氧根离子反应形成 $CaCO_3$ 和 $Mg(OH)_2$，这将作为润滑剂降低涂层的摩擦。经测量，海水中 VN 涂层的平均 COF 值约为 0.18，而 VCN 涂层的 COF 值低于 VN 涂层，这是 VN 涂层表面粗糙度高和缺乏润滑相所致。当碳含量（原子分数）为 9.71% 时，V1 涂层的平均 COF 值降低到 0.15，比 VN 涂层低 16.66%（见图12-8（b））。随着碳含量的增加，V2 涂层的平均 COF 值降低至 0.12，这是所有涂层中的最低值，意味着其最佳的减摩性能。当碳含量（原子分数）进一步增加到 19.86% 时，平均 COF 值呈现出递增的趋势，这表明 14.73% 碳含量（原子分数）是 COF 变化的临界点。

图 12-9 给出了所有涂层海水环境中的平均磨损率。从图 12-9 可以看出，碳含量对涂层磨损率具有显著的影响。经计算，V0 涂层的平均磨损率为 $1.17×10^{-6}$ $mm^3/(N·m)$，这是所有涂层中最高的值，表明其耐磨性较差。在 VN 涂层中添加 9.72%、14.73% 和 19.86%（原子分数）C 后，涂层的平均磨损率急剧下降，这意味着在添加 C 后，VCN 涂层在海水中的耐磨性大大提高。同时，与其他涂层相比，V2 涂层呈现出最显著的改善效果，这与 V2 涂层的最高临界载荷、H/E 和 H^3/E^2 值保持一致。

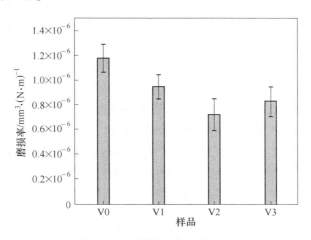

图 12-9　涂层海水中的磨损率

涂层的横截面轮廓是反映测试后磨损状况的有力工具，结果如图 12-10 所示。从图 12-10 可知，V0 涂层的磨痕深度及宽度最大，这意味着磨损最严重。随着 C 含量的上升，相应的深度和宽度呈现出下降的趋势。当碳含量（原子分数）为 14.73% 时，磨痕的深度和宽度达到最低值，分别为 0.8μm 和 202μm。然而，当 C 含量继续增加时，磨痕的深度和宽度开始变大。相比之下，V3 涂层的磨痕深度和宽度也低于 V0 涂层，这表明添加碳能在不同程度上改善 VN 涂层的磨损状况。

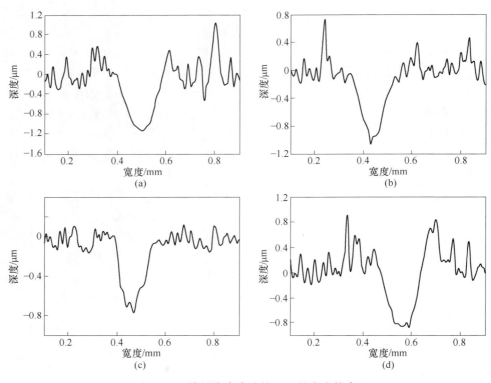

图 12-10 涂层海水中摩擦过后的磨痕轮廓
(a) V0；(b) V1；(c) V2；(d) V3

为了更清楚地揭示磨损机理，涂层的磨痕形貌和 EDS 光谱如图 12-11 所示。就 V0 涂层而言，在磨痕表面上观察到明显的裂纹和剥落痕迹，这是由于腐蚀和摩擦作用之间产生了协同作用（见图 12-11（a））。从 EDS 光谱的结果可以发现，在剥落区域的表面检测到了 V、N、C、O、Fe、Na、S 和 Ni 元素（见图 12-11（b））。其中，Na 元素来自人工海水，Fe、S 和 Ni 元素来自于基体，这表明残留涂层的厚度低于 EDS 设备的检测深度。向 VN 涂层中添加碳后，磨痕剥落面积和微孔数量显著减少，这表明 V1 涂层的耐磨性得到了一定程度的提高（见图 12-11（c））。通过观察，在测试区域发现了一些新元素，如 Ca、Mg、W 和 Cl，这些元素来自海水和摩擦配副（见图 12-11（d））。另外，未检测到 Fe、S 和 Ni 元素，这意味着涂层的磨损受到抑制。当碳含量（原子分数）达到 14.73% 时，涂层表面光滑平整，这归咎于涂层综合性能的提高（见图 12-11（e））。当碳含量进一步增加时，在 V3 涂层上观察到大量的腐蚀孔，表明涂层抗磨损能力下降（见图 12-11（g））。此外，V2 和 V3 涂层的 EDS 结果与 V1 涂层相似，这表明残留涂层的厚度高于 V0 涂层（见图 12-11（f）和（h））。

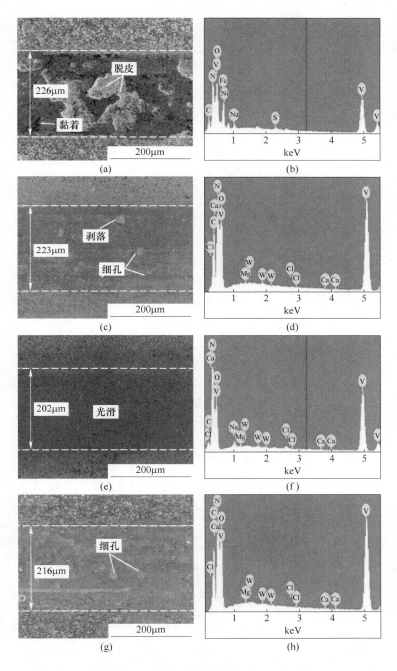

图 12-11 涂层摩擦过后的磨痕形貌及 EDS 光谱
(a), (b) V0; (c), (d) V1; (e), (f) V2; (g), (h) V3

摩擦配副表面上的转移膜可以通过拉曼光谱分析，结果如图 12-12 所示。与 V0 涂层相比，与 V1、V2 和 V3 涂层摩擦过后的配副表面均检测到一个新的特征峰，位于 1550cm^{-1} 处，这意味着在摩擦界面上会形成 sp^2-杂化碳组成的转移膜。sp^2 杂化碳具有平面二维石墨状结构，可以减少接触面上的悬空 σ 键，降低接触表面的摩擦剪切阻力和黏附现象[16]。同时，V2 涂层的特征峰强度最强，表明石墨化程度最高[17]。

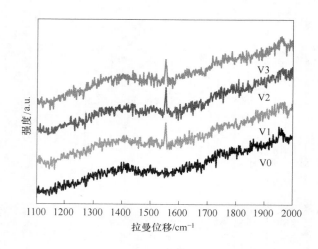

图 12-12　摩擦配副表面的拉曼光谱

图 12-13 给出了所制备涂层海水中的磨损模型。其中，图 12-13（a）是宏观接触模型，图 12-13（b）~（e）是微观接触模型。一般而言，摩擦真正的接触区域是由固-固和固-液接触区域组成的。由于缺乏有效的润滑作用，涂层与摩擦配副之间的固-固接触导致其较高的摩擦磨损。因此，在高摩擦引起的拉应力下，涂层的机械开裂会引起严重的磨损（见图 12-13（d））[18]。将碳掺入 VN 涂层后，VCN 涂层致密的结构可以抑制海水的进入，而石墨化转移膜可以避免涂层与摩擦配副之间的直接接触，从而在固-固接触区起到了良好的润滑作用。此外，提高涂层的临界载荷和韧性可以有效减少缺陷的产生。因此，VCN 涂层具有良好的抗磨能力（见图 12-13（e））。

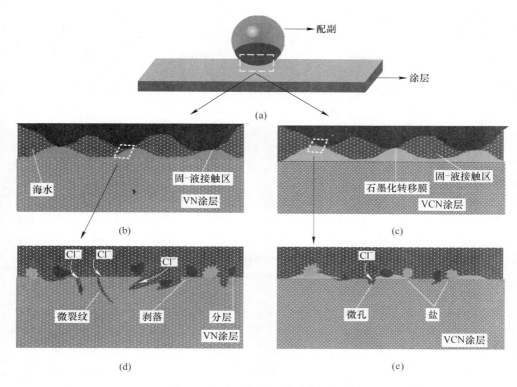

图 12-13 涂层在海水中的磨损模型
(a) 宏观接触模型；(b)、(d) VN 涂层；(c)、(e) VCN 涂层

参 考 文 献

[1] Antonik M D, Lad R J, Christensen T M. Clean surface and oxidation behavior of vanadium carbide, VC0.75 (100) [J]. Surface and Interface Analysis: An International Journal devoted to the development and application of techniques for the analysis of surfaces, interfaces and thin films, 1996, 24(10): 681~686.

[2] Dai W, Ke P, Wang A. Microstructure and property evolution of Cr-DLC films with different Cr content deposited by a hybrid beam technique [J]. Vacuum, 2011, 85(8): 792~797.

[3] Zhou F, Adachi K, Kato K. Friction and wear property of a-CN_x coatings sliding against ceramic and steel balls in water [J]. Diamond and related materials, 2005, 14(10): 1711~1720.

[4] Bismarck A, Tahhan R, Springer J, et al. Influence of fluorination on the properties of carbon fibres [J]. Journal of Fluorine Chemistry, 1997, 84(2): 127~134.

[5] Liao M Y, Gotoh Y, Tsuji H, et al. Crystallographic structure and composition of vanadium nitride films deposited by direct sputtering of a compound target [J]. Journal of Vacuum Science &

Technology A: Vacuum, Surfaces, and Films, 2004, 22(1): 146~150.

[6] Cai Z, Pu J, Wang L, et al. Synthesis of a new orthorhombic form of diamond in varying-C VN films: microstructure, mechanical and tribological properties [J]. Applied Surface Science, 2019, 481: 767~776.

[7] Dang C, Li J, Wang Y, et al. Structure, mechanical and tribological properties of self-toughening TiSiN/Ag multilayer coatings on Ti_6Al_4V prepared by arc ion plating [J]. Applied Surface Science, 2016, 386: 224~233.

[8] Huang Y C, Chang S Y, Chang C H. Effect of residual stresses on mechanical properties and interface adhesion strength of SiN thin films [J]. Thin Solid Films, 2009, 517(17): 4857~4861.

[9] Wu W J, Hon M H. The effect of residual stress on adhesion of silicon-containing diamond-like carbon coatings [J]. Thin Solid Films, 1999, 345(2): 200~207.

[10] Musil J, Jirout M. Toughness of hard nanostructured ceramic thin films [J]. Surface and Coatings Technology, 2007, 201(9-11): 5148~5152.

[11] Ye Y, Liu Z, Liu W, et al. Bias design of amorphous/nanocrystalline CrAlSiN films for remarkable anti-corrosion and anti-wear performances in seawatér [J]. Tribology International, 2018, 121: 410~419.

[12] Ye Y, Yang D, Chen H, et al. A high-efficiency corrosion inhibitor of N-doped citric acid-based carbon dots for mild steel in hydrochloric acid environment [J]. Journal of hazardous materials, 2020, 381: 121019.

[13] Ye Y, Yang D, Chen H. A green and effective corrosion inhibitor of functionalized carbon dots [J]. Journal of Materials Science & Technology, 2019, 35(10): 2243~2253.

[14] Ye Y, Zou Y, Jiang Z, et al. An effective corrosion inhibitor of N doped carbon dots for Q235 steel in 1 M HCl solution [J]. Journal of Alloys and Compounds, 2020, 815: 152338.

[15] Shan L, Wang Y, Li J, et al. Tribological behaviours of PVD TiN and TiCN coatings in artificial seawater [J]. Surf. Coat. Technol. , 2013, 226: 40~50.

[16] Wang Y, Wang L, Li J, et al. Tribological properties of graphite-like carbon coatings coupling with different metals in ambient air and water [J]. Tribology International, 2013, 60: 147~155.

[17] Wang Y, Wang L, Xue Q. Improvement in the tribological performances of Si_3N_4, SiC and WC by graphite-like carbon films under dry and water-lubricated sliding conditions [J]. Surface and Coatings Technology, 2011, 205(8-9): 2770~2777.

[18] Kato K, Adachi K. Wear of advanced ceramics [J]. Wear, 2002, 253: 1097~1104.